高等院校城市地下空间工程专业"十三五"规划教材

地下工程测试技术

主　编　张　蕾　丁祖德
副主编　欧明喜　刘海明
主　审　曹　净

U0262127

中国水利水电出版社
www.waterpub.com.cn
·北京·

内 容 提 要

本书为"高等院校城市地下空间工程专业'十三五'规划教材"之一，书中内容涵盖地下空间工程在建设过程中所涉及的各种测试技术，主要针对施工过程中及后期监测管理时可能使用的监测检测技术。本书内容主要包括绪论、地下工程测试和监测技术基础知识、基坑工程监测技术、隧道施工监测技术、软土地基预压处理方法监测技术、边坡工程监测及桩基测试技术。

本书可用于城市地下空间工程专业、岩土工程专业教学使用，也可用于基坑、城市隧道与管线、软弱地基预压处理、边坡及桩基等工程在施工过程中及工后对建筑物、管线及周边环境的监测检测设计、施工、管理及科学研究等工作。

图书在版编目（CIP）数据

地下工程测试技术 / 张蕾，丁祖德主编. -- 北京 ：
中国水利水电出版社，2016.10（2022.9重印）
高等院校城市地下空间工程专业"十三五"规划教材
ISBN 978-7-5170-4869-5

Ⅰ．①地… Ⅱ．①张… ②丁… Ⅲ．①地下工程测量
－高等学校－教材 Ⅳ．①TU198

中国版本图书馆CIP数据核字（2016）第266713号

书　　名	高等院校城市地下空间工程专业"十三五"规划教材 **地下工程测试技术** DIXIA GONGCHENG CESHI JISHU
作　　者	主编　张蕾　丁祖德　副主编　欧明喜　刘海明　主审　曹净
出版发行	中国水利水电出版社 （北京市海淀区玉渊潭南路1号D座　100038） 网址：www.waterpub.com.cn E-mail：sales@mwr.gov.cn 电话：（010）68545888（营销中心）
经　　售	北京科水图书销售有限公司 电话：（010）68545874、63202643 全国各地新华书店和相关出版物销售网点
排　　版	中国水利水电出版社微机排版中心
印　　刷	北京市密东印刷有限公司
规　　格	184mm×260mm　16开本　12.5印张　296千字
版　　次	2016年10月第1版　2022年9月第2次印刷
印　　数	2001—3000册
定　　价	**42.00元**

凡购买我社图书，如有缺页、倒页、脱页的，本社营销中心负责调换

版权所有·侵权必究

前 言

2012 年，中华人民共和国住房和城乡建设部制定颁布的《高等院校土木工程本科指导性专业规范》中将城市地下空间工程专业确定为土木工程重要专业方向之一。地下工程测试技术是城市地下空间工程专业的一门重要专业课。通过本课程的学习，可使城市地下空间专业的学生，初步掌握地下岩土工程各种测试技术的基本原理和方法，为毕业后从事地下工程测试工作打好基础。

在土木工程专业教学中，地下工程测试技术一直是个盲点，监测检测工作早已是土木行业的一个重要分支领域，从事监测检测的单位人员众多，然而在相应的本科及专科基础教学中涉及该工作内容的课程却少之又少，本书的编写极大弥补了这项空白。本课程的教学内容将有效培养本专业学生从事地下工程测试工作的专业知识及动手能力，以及从事相关领域科学试验研究的理论基础。

本书由昆明理工大学建筑工程学院组织编写。全书共分7章，具体分工如下：第1章由张蕾编写，第2章由丁祖德、蔡海兵编写，第3章由欧明喜编写，第4章由丁祖德编写，第5章由张蕾编写，第6章由刘海明编写，第7章由张蕾编写。全书由曹净、张蕾进行统稿与审定。此外，张博、李夕松、张瑞、高越等研究生为本书的编写付出了辛勤工作，在此表示衷心感谢。

本书在编写过程中查阅大量工程资料，力求做到理论联系实际，参考国家及多个地方现行规范、规程与标准，结合土木行业领域常用技术方法，反映目前我国地下空间工程及岩体工程的先进技术水平。但由于作者的水平有限，不足之处在所难免，望广大读者批评指正。

本教材部分章节受国家自然科学基金项目（51408283）资助。

编者

2016 年 8 月

目　　录

第1章 绪 论

随着经济发展，城市化步伐的加快，为满足日益增长的人们生产、生活、出行、轨道交通换乘、商业、停车等功能的需要，在用地越发紧张的密集城市里建设、开发、改造大型地下空间已经成为一种必然趋势。诸如，高层建筑多层地下室、地下铁道及地下车站、地下道路、地下停车场、地下街道、地下商场、地下变电站、地下仓库、地下民防工事以及地下民用和工业设施等地下空间开发规模越来越大。深大基坑、地下工程通常位于密集城市中心，常常紧邻建筑物、交通干道、地铁隧道及各种地下管线等，施工场地紧张、施工条件复杂、工期紧迫，导致地下工程的设计施工难度越来越大，重大恶性地下事故频发，工程建设的安全生产形势越来越严峻。

地下工程建筑物与岩土体之间所存在的问题复杂多样，沉降差异、基坑开挖支护、降水、边坡稳定、地面沉降等各种地下岩土工程问题越来越多地摆在科研、设计人员面前。传统解决岩土问题的方法是理论分析及试验研究，然而，由于岩土体自身的缺陷原因，时至今日仍没有一套科学理论能全面、真实、准确地解决岩土体问题。试验研究可以较真实地模拟工程实施过程，有效指导、辅助理论研究的进行，可是往往由于资源条件有限，试验研究所能反映的岩土问题存在局限。因而，需要一种能够在工程实施过程中，真实、全面、可靠地反映工程问题的技术手段。

1.1 地下工程测试的目的、意义

地下工程测试是借助一定的测量手段，采用实际测量方法对地下工程结构、构件、性质及岩土体的应力、位移进行观测和度量，得到各类物理力学指标，对获得的数据进行分析整理，进而用于指导工程实际，补充完善理论及试验研究的工作。

测试技术是一门对信息的获得、传输、转换、显示记录和分析出来的原理和技术，包括测量工具和测量方法。

地下工程测试工作在岩土工程中占有很重要的位置，测试工作一般在施工过程中进行，有时为了指导设计工作，部分测试操作也可在设计工作开始前进行。从根本上说，测试技术是一种保障岩土工程设计的经济性和准确性的手段，对地下岩土体进行试验，及时获取并分析地下岩土体的有效信息，以便为设计师提供最基本的设计依据。为了确保工程质量和施工的安全进行，进行现场检测和监测显得尤为重要，地下工程测试技术越来越多地被岩土工程师给予高度重视。

1.2 地下工程测试的内容

地下工程测试包括室内试验测试技术、原位测试技术和现场监测技术三个方面，在岩土工程方面有着重要而特殊的作用。具体的技术手段包括工程地质测绘和调查、勘探和取样、各种原位测试技术、室内土工试验和岩石试验、检验和现场监测、分析和计算、数据处理等。

1．室内试验测试技术

室内试验一般在室内进行，其优点为试验条件易于把握，应力条件可控，有明确的边界条件，还能大量采样。包括土的室内试验测试、岩石的室内试验测试、利用相似材料完成的岩土工程模型试验和采用数值方法完成的数值仿真试验。

2．原位测试技术

原位测试可以最大限度地减小对岩体的干扰，避免其对实验结果的影响，测试过程短，效率高。测试结果可以直接反映测试对象的物理力学状态，比较接近工程实际。原位测试试验技术包括土体原位测试试验、岩体的原位测试试验。土体原位测试试验包括静载试验、静力触探试验、标准贯入试验、十字板剪切试验、现场直剪试验、地基土动力特性原位测试、旁压试验等。岩体原位测试试验包括地应力测试、弹性波测试、回弹试验、岩体变形试验、岩体强度试验等。

原位测试技术多应用在岩土工程勘察工作及工程验收检验中。

3．现场监测技术

现场监测技术是随着各种复杂的大型岩土工程发展起来的，以实际的工程为对象，在事先选定好的监测点上进行，在工程施工中期及后期对岩土体及其周边环境进行定时定点监测应力及变形。

现场检测与监测技术主要包含施工作用和各类荷载对岩土反应性状的监测、施工和运营中的结构物监测和对环境影响的监测等方面。

现场检测、监测与工程勘察的区别：现场检测、监测是构成岩土工程系统的一个重要环节，大量工作在施工和运营期间进行；由于检测、监测工作一般需在高级勘察阶段开始实施，所以也被列为一种勘察方法。它的主要目的在于保证工程质量和安全，提高工程效益。现场检（监）测的含义包括施工阶段对先前岩土工程勘察成果的验证核查以及岩土工程施工监理和质量控制。

本书介绍的地下工程测试技术主要指现场监测技术。

1.3　地下工程测试技术的现状

地下工程测试工作是工程中一个必不可少的环节。它会直接影响岩土工程数值提取的准确性，进而影响整个工程的安全和质量。现今由于各种原因导致地下工程测试工作存在很多问题：

（1）地下工程测试是一项技术性很强的工作，需要检测技术人员有较高的责任心。如果检测单位无视检测工作的专业要求，聘用非专业技术人员操作，或测试人员在工作中玩忽职守，将造成地下工程测试存在很大的漏洞。

（2）地下工程测试目的是获取工程所需的有效可靠的岩土工程参数。某些单位并不具备岩土测试的能力，却违规从事测试工作，通过简化测试方法，得到一些似是而非、不合实际的结论，监测数据的可靠性难以保证，留下不良隐患。

（3）多数测试单位存在取样技术有待提高，测试设备过时、老化等问题。

（4）行业管理制度的不健全，在某种意义上影响岩土工程领域的发展。

（5）为适应我国岩土工程的发展，必须对有关测试人员进行严格的培训及考核，提高岩土工程测试的要求。

1.4　地下工程测试技术的发展趋势

最近几年以来，随着科学技术的飞速发展以及设计、施工、监理等各部门对现场监测的愈加重视，地下工程测试技术也相对得到了较快发展，监测范围也在不断扩大，对监测的要求也越来越高，实时监测必然成为工程施工常态，自动化监测系统的应用越来越多。目前的监测仪器和技术正朝着自动化、微型化、智能化、高精度化和网络化方向发展。

地下工程测试技术的发展趋势主要表现在以下几个方面：

（1）高科技仪器与新方法的结合。因为测试方法在某种程度上影响着岩土力学理论的发展，引入有关高新技术的最新科研成果，研制出多功能、高精度、速度快、抗干扰能力强的高精度智能化测试仪器，在简化操作过程的同时，也大大提高了测试结果的可靠性。

（2）工程地球物理探测技术的飞速发展。最近几年，国内外相继利用物探原理研发了一些高性能的仪器，如探地雷达、波速仪、管线探测仪等，能适应不同工程的需要，具有精度高、抗干扰能力强等优势，这将成为以后发展的一个重要趋势。

（3）信息化施工技术的广泛使用。随着各种大型工程的不断增加，对地质条件的要求愈加严格，为了保证岩土施工过程和使用过程中的安全，过程监测显得尤为重要，通过对测试结果的数据分析，判断工程施工的安全性能。

（4）现场监测、室内试验测试、设计计算和数值反分析及其再预测的有机结合与循环。室内试验测试是基础，并且以此进行设计；现场监测能对预测值进行修正，在经过反分析等方式得到工程所需的数值。

（5）虚拟测试技术近年来发展迅速，将会广泛应用于岩土工程测试技术。有效、及时地利用其他领域的科技成果，将对推动岩土工程测试技术的发展有很大帮助，如电子计算机技术、光学测试技术、声波测试技术、遥感测试技术等方面的新进展都有可能在岩土工程测试方面找到相应的切合点。同时，测试数据的准确性、可重复性也会有很大的改善和提高。

1.5　地下工程测试人员应具备的条件

地下测试技术是有效辅助岩土工程顺利实施的有效手段之一，测试仪器、测试方法、测试人员的专业素养将直接影响测试结果的准确性。作为一名合格的地下工程测试人员应具备以下条件：

（1）有较强的责任心，能够耐心、细致地完成各类地下工程测试工作。

（2）秉承对测试工作负责的态度，拒绝对测试数据造假。

（3）熟悉掌握岩土工程、结构工程等相关专业的设计、施工、检（监）测工作的理论知识。

（4）了解工程测量学专业知识，熟练掌握各类测量仪器操作原理及方法。

（5）了解各类测试技术的基本原理、掌握测试仪器的操作方法。

（6）当测试结果出现较大误差时，具备找出误差的原因，并能够分析、解决误差的能力。

1.6　本课程学习目的及要求

通过本课程的学习，学生应掌握运用地下工程测试技术的有关知识分析、解决岩土工程中遇到测试问题的能力，达到以下要求：

（1）掌握岩土工程测试的基本理论和技术技能。

（2）基本掌握基坑、软土地基、桩基、隧道及边坡等工程的测试技术手段，学会各种测试数据的整理运用。

（3）学会编制不同工程的监测检测报告。

第2章　地下工程测试和监测技术基础知识

随着地下空间的不断地开发与利用，大量的地下建筑物、构筑物、交通线已经与人们的生活息息相关。如今，人们对工程施工的安全意识和环保意识不断增强，在工程投标和施工中，工程施工监测已成为一项必不可少的内容，当代科学技术水平的不断发展促进测试技术向着高精度、小型化、智能化发展，因此，测试技术水平已成为反映国家科技现代化水平的重要标志之一。现代测试技术主要有以下四个方面的作用：

（1）各种参数的确定。

（2）自动化过程中参数的反馈、调节和自控。

（3）现场实时检测和监控。

（4）试验过程中的参数测量和分析。

要实现这四个方面的作用，必须有一个合理、高效、经济的测试系统。合理就是能测试所需要的参数和变量，高效就是省时、省力、构造简单，经济就是造价低、学习起来快。

2.1　测试系统的组成

测试系统可以由一个或者若干个功能单元组成，单元的个数不固定是因为由于面对的工程不同、测试参数的不同系统在构成上会有很大的差别。通常，测试系统具有以下几个功能：将被测对象置于预定状态下，并对被测对象所输出的信息进行采集、变换、传输、分析、处理、判断和显示记录，最终获得测试所需的信息。就如同我们日常使用计算机计算，需要键盘输入，计算机进行计算，显示屏输出结果。图 2.1 所示为一个典型的力学测试系统，由荷载系统、测量系统、信号处理系统和显示记录系统四大部分组成。若要以最佳方案完成测试任务，应该对整套测试系统的各功能单元进行全面综合的考虑。

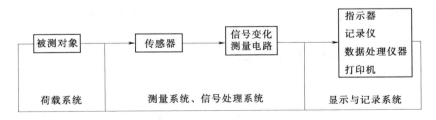

图 2.1　测试系统的组成

2.1.1　荷载系统

荷载系统是使被测对象处于一定的受力状态下，使被测对象（试件）有关的力学量之间的联系充分显露出来，以便于进行有效测量的一种专门系统。这里使有关力学量之间的联系显露出来的力学系统是指狭义广义的荷载，因为世界上没有不受力的对象，这里的荷载是使力学量之间联系可测时的力。这种力通常是比较大和人为施加的。例如，在混凝土试块进行抗压强度试验时油压机施加的力。在岩土工程测试时采用的荷载系统通常有液压式、重力式、杠杆式、气压式等。

2.1.2 测量系统

测量系统由传感器、信号变换和测量电路组成，它将被测量（如力、位移等）通过传感器变成电信号，经过变换、放大、运算，变成易于处理和记录的信号。传感器是整个测试系统中采集信息首要的关键环节，它的作用是把被测非电量转换成便于放大、记录的电量。所以，有时称传感器为测试系统的一次仪表，其余部分为二次仪表或三次仪表。比如在岩石直剪试验系统中，需要观察在不同法向应力水平下，试件在剪切过程中法向和剪切方向的力和位移的变化。采用四支位移传感器分别测量试件在法向和剪切方向的位移，采用两只液压传感器分别测量试件在法向和剪切方向的荷载。其中，位移传感器和位移变位器组成位移量测系统，荷载传感器和动态电阻应变仪组成力的量测系统。

2.1.3 信号处理系统

信号处理系统是将测量系统的输出信号做进一步处理以便排除干扰。如智能测试系统中需要设置智能滤波软件，以便排除测量系统中的干扰和偶然波动，提高所获得信号的置信度。对模拟电路，则要专用的仪器或电路（如滤波器）来达到这些目的。回想一下在做物理实验时，波的干涉实验就是通过偏正片来排除其他波的影响的。信号处理系统就是测试系统的优化师。

2.1.4 显示和记录系统

显示和记录系统是测试系统的输出环节，它是将被测对象所测得的有用信号及其变化过程显示或记录（或存储）下来。数据显示可以用各种表盘、电子示波器和显示屏来实现，数据记录可以采用记录仪、光式示波器等设备来实现，智能测试系统中以微机、打印机和绘图仪等作为显示记录设备。

在测试系统中，测试过程的全部或大部分操作调试计算机等工作是由测试人员直接参与并取得结果的测试系统称为人工测试系统，这是传统的测试方法。目前，尤其是在地下工程现场测试中，它仍然是被较多采用的测试手段。在自动测试系统中，所有仪器及设备都与计算机联机工作，具有程控输入和编码输出的功能，测试过程不用人工参与。

2.2 测试系统的基本原理与传递特性

2.2.1 概述

测试系统的任务是感受被测的物理量（力、位移、变形等）并将其转换为可以理解或可以量化的输出形式。一个特定的系统无论是否适合测量某些输入信号，其总是对输入作出响应（输出）。一般的测试系统都可以用一个模型（微分方程、传递函数等）来描述，这种表示测量系统输入与输出对应关系性能的模型特性称为传递特性。了解测量系统的传递特性对于提高测量的精确性和正确选用系统或校准系统特性是十分重要的。对不随时间变化（或变化很慢而可以忽略）的量的测量叫静态测量，对随时间变化的量的测量叫动态测量。与此对应，测量系统的传递特性分为静态传递特性和动态传递特性。描述测试系统静态测量时的输入与输出关系的模型特性称为测试系统的静态传递特性。描述动态测试系统的模型特性称为动态传递特性。作为静态测量的系统。可以不考虑动态传递特性，而作为动态测试系统，既要考虑动态传递特性，又要考虑静态传递特性。因为测试系统的精度很大程度上与其静态传递特性有关，所以在此主要介绍静态传递特性。有关动态传递特性的内容参考有关书籍。

2.2.2　测试系统的静态传递特性

2.2.2.1　测试系统与线性系统

一个理想的测试系统，应该具有确定的输入与输出关系，其中以输入和输出呈线性关系为最佳，即理想的测试系统应当是一个线性系统。用模型来描述一个测试系统时，测试系统与其输入、输出之间的关系可以用图

图 2.2　测试系统与其输入、输出之间的关系

2.2 表示，其中 $x(t)$ 和 $y(t)$ 分别表示输入与输出，$h(t)$ 表示系统的传递特性。$x(t)$、$y(t)$、$h(t)$ 是三个彼此具有确定关系的量，已知其中任意两个量时，即可求第三个量，这便构成了地下工程测试中需要解决的实际问题：①输入和输出能观测，推断系统的传递特性；②输入能观测，系统的传递特性已知，推断输出；③输出能观测，系统的传递特性已知，推断输入。

2.2.2.2　静态方程和标定曲线

当测试系统处于静态测量时，输入量 x 和输出量 y 不随时间而变化，因而输入和输出的各阶导数等于零，其关系式为

$$y = \frac{a_0}{b_0} x = kx \tag{2.1}$$

上式称为系统的静态传递方程，简称静态方程，斜率 k（称标定因子）是常数。表示静态方程的图形称为测试系统的标定曲线（又称特性曲线、率定曲线）。在直角坐标系中，习惯上以标定曲线的横坐标为输入量 x，纵坐标为输出量 y。图 2.3 是几种标定曲线及其相应的曲线方程。图 2.3（a）的输出和输入呈线性关系，是理想状态，而其余的三条曲线则可看成是线性关系上叠加了非线性的高次分量。

标定曲线是反映测试系统输入 x 和输出 y 之间关系的曲线，一般情况下，实际的输入、输出关系曲线并不完全符合理论所要求的理想线性关系。所以，定期标定测试系统的标定曲线是保证测试结果精确可靠的必要措施。对于重要的测试，在进行测试前后都要对测试系统进行标定，当前后标定结果的误差在容许的范围内时，才能确定测试结果有效。

求取静态标定曲线，通常以标准量作为输入信号并测量出对应的输出，将输入与输出数据描在坐标纸上的相应点上，再用统计法求出一条输入与输出曲线，标准量的精度应较被标定系统的精度高一个数量级。

2.2.2.3　测试系统的主要静态特性参数

根据标定曲线便可以分析系统的静态特性。衡量测试系统静态特性的主要技术指标有

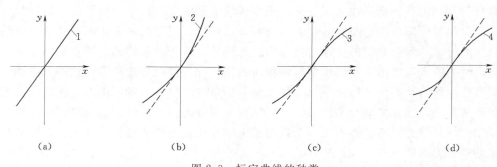

图 2.3　标定曲线的种类

1—曲线方程：$y=a_0x$；2—曲线方程：$y=a_0x+a_1x^2+a_3x^4$；3—曲线方程：

$y=a_0x+a_2x^3+a_4x^5$；4—曲线方程：$y=a_0x+a_1x^2+a_2x^3+a_3x^4$

灵敏度、线性度、回程误差、重复性等。

灵敏度是稳态时传感器输出值 y 和输入值 x 之比，或输出值 y 的增量与输入值 x 的增量之比。

线性度（直线度）指理想传感器的输出值与输入值呈线性关系。传感器的输出-输入校准曲线与理论拟合直线之间的最大偏差与传感器满量程输出之比称为该传感器的线性度或非线性误差。

回程误差是输入值逐渐增加到某一值与输入值逐渐减小到同一输入值时的输出值不相等现象，也称迟滞。用迟滞差表示不相等的程度。迟滞差为同一输入值所得到的两个输出值之间的最大差值与量程的比值的百分率。

重复性指传感器在同一条件下，被测输入值按同一方向作全量程连续多次重复测量时，所输出值-输入值曲线的不一致程度。

量程（测量范围）指在允许差限内，被测量值的下限到上限之间的范围。

分辨力为传感器能检测到的最小输入增量。

2.3　测试系统的误差分析和测试系统的选择

2.3.1　测试系统误差

被测对象某参数的量值的真实大小是客观存在的，由于使用的仪器设备、测量方法、周围环境、人的因素等条件的限制，测量值与真值之间存在差值，该差值称为测量误差。在测量过程中它是不可避免的，但是可以通过分析误差的来源、研究误差的规律来减小误差，提高精度，并且用科学的方法处理试验数据，以达到更接近于真值的最佳效果。误差分为随机误差、系统误差和粗大误差三类。

1. 随机误差

随机误差的产生是随机的，没有确定的规律性，也可以说带有偶然性。随机误差就个体而言，从单次测量结果来看是没有规律的，但就其总体来说，其数值变化规律服从一定的统计规律。因此，随机误差的度量可用标准偏差，随着对同一量的测量次数的增加，标准偏差的值变得更小，从而使该物理量的值更为可靠。

2. 系统误差

在相同的测量条件下，多次测量同一物理量时，误差不变或按一定规律变化，这样的误差称为系统误差。通常是由于仪器的缺陷、计算方法的不完善等固定原因引起的。在查明产生系统误差的原因后，有些系统误差是可以通过改进仪器性能、标定仪器常数、改善观测条件和操作方法、对测量结果进行相应的修正等方法来消除。

3. 粗大误差

粗大误差（过失误差）是一种大级别的量测误差，主要是由于量测人员粗心大意、操作不当或思想不集中所造成的，如看错、读错、记错等原因造成的误差。严格来说，粗大误差不能称之为误差，而是由于观测者的过失所造成的错误，是可以避免的。因此，测量中如果出现粗大误差，则应将其从试验数据中剔除，且应分析出现此类误差的原因，以免再次出现相同的错误。

2.3.2　精度、精密度与准确度

精度反映了测量的总误差。它与误差大小相对应，即误差大，精度就低，误差小，精度就高。精度可以细分为精密度（反映测量中随机误差的大小，即测量结果互相接近、密集的程度）、准确度（反映测量中系统误差的大小，即结果与被测量真值的接近程度）和精确度（反映测量中随机误差和系统误差综合影响的程度）。其中，精密度与准确度的区别如图 2.4 所示，曲线 1 表示准确却不精密的测量（δ 小 σ 大），曲线 2 表示精密却不准确的测量（δ 大 σ 小）。只有同时兼顾准确度和精密度，才能成为精确的测量。

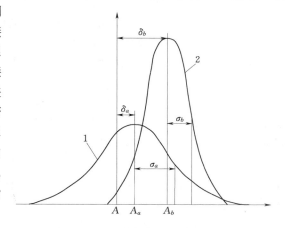

图 2.4　测量精密度和准确度的区别

2.3.3　测试系统的选择

选择测试系统的根本原则是测试的目的和要求。但是，若要达到技术上合理和经济上节约，则必须考虑一系列因素的影响。下面针对系统的各个特性参数，就如何正确选用测试系统予以概述。

1. 灵敏度

原则上说，测试系统的灵敏度应尽可能地高。这意味着它能检测到被测物理量极微小的变化，换句话说，被测量稍有变化，测量系统就有较大的输出，并能显示出来。因此，在要求高灵敏度的同时，应特别注意避免被测信号被外界因素影响，因为高灵敏度的测量系统同时也是敏感的噪声接收系统。为达到既能检测微小的被测量，又能使噪声被抑制到尽量低的目的，测试系统的信息比越大越好。然而，灵敏度越高，往往测量范围越窄，稳定性也越差。

2. 准确度

准确度表示测试系统所获得的测量结果与真值的一致程度，并反映了测量中各类误差的综合作用。准确度越高，则测量结果中所包含的系统误差和随机误差就越小；测试仪器

的准确度越高、价格就越昂贵。因此，应从被测对象的实际情况和测试要求出发，选用准确度合适的仪器，以获得最佳的技术经济效益。误差理论分析表明，由若干台不同准确度组成的测试系统，其测试结果的最终准确度取决于准确度最低的那一台仪器。所以，从经济性来看，应当选择同等准确度的仪器来组成所需的测量系统。如果条件有限，不可能做到同等准确度，则前面环节的准确度应高于后面环节。一般地，如果是属于相对比较性的试验研究，只需获得相对比较值，则只要求测试系统的精密度足够高就行了。无须要求它的准确度；若属于定量分析，要获得精确的量值，就必须要求它具有相应的精确度。

3. 响应特性

测试系统的响应特性必须在所测频率范围内努力保持不失真条件。此外，响应总有一定的延迟，但要求延迟时间越短越好。换言之，若测试系统的输出信号能够紧跟急速变化的输入信号，则这一测试系统的响应特性就好。因此，在选用时，要充分考虑到被测量变化的特点。

4. 线性范围

任何测试系统都有一定的线性范围。在线性范围内，输出与输入成比例关系，线性范围越宽，表明测试系统的有效量程越大。测试系统在线性范围内工作是保证测量准确度的基本条件。然而，测试系统是不容易保证其绝对的线性的，在一些情况下，只要能满足测量的准确度，也可以在近似线性的区间内工作，必要时，可以进行非线性补偿或修正。

5. 稳定性

稳定性表示在规定条件下测试系统的输出特性随时间的推移而保持不变的能力。影响稳定性的因素是时间、环境和测试仪器的器件状况。为了保持测试系统工作的稳定性，在选定测试仪器之前、应对工作环境进行调查，以选用较为合适的仪器。在输入量不变的情况下，测试系统在一定时间后，其输出量发生变化，这种现象称为漂移。当输入量为零时，测试系统也会有一定的输出，这种现象称为零漂。漂移和零漂多半是由于系统本身对温度变化的敏感以及元件不稳定（时变）等因素所引起的，它对测试系统的准确度将产生影响。

6. 测量方式

测试系统在实际工作条件下的测量方式的不同，也是选择测试系统时应考虑的因素之一。诸如接触式测量和非接触性测量、机械量测和电测、在线测量和非在线测量等不同的测量方式。对测试系统的要求也不同。在机械系统中，运动部件的被测参量（例如回转运动误差、振动和扭力矩等），往往需要非接触式测量。因为，接触式测量不仅对被测对象造成影响，而且存在许多难以解决的技术问题，如接触状态的变动、测量头的磨损、信号的采集等，都不容易妥善处理，也势必造成测量误差。这时，选用涡电流式、电容式等非接触式传感器就能解决上述问题。若用电阻应变片检测应力、应变，则须选用遥测应变仪。在线测量是与实际情况更趋于一致的测试方法。特别是在实现自动化过程和地下工程施工信息化监控中，其检测和控制系统往往要求真实性和可靠性，这就必须在现场实时条件下进行工作。因此，对测试系统有一定的特殊要求。

7. 各特性参数之间的配合

由若干环节组成的一个测试系统中，应注意各特性参数之间的恰当配合，使测试系统处于良好的工作状态。例如，一个多环节的系统，其总灵敏度取决于各环节的灵敏度以及各环节之间的连接形式（串联、并联），该系统的灵敏度与量程范围是密切相关的，当总灵敏度确定之后，过大或过小的量程范围，都会给正常的测试工作带来影响。对于连续刻度的显示仪表，通常要求输出量落在接近满量程的 1/3 区间内，否则，即使仪器本身非常精确，测量结果的相对误差也会增大，从而影响测试的准确度。若量程小于输出量，很可能使仪器损坏。由此看来，在组成测试系统时，要注意总灵敏度与量程范围匹配。又如，当放大器的输出用来推动负载时，它应该以尽可能大的功率传给负载。只有当负载的阻抗和放大器的输出阻抗互为共轭复数时，负载才能获得最大的功率。这就是通常所说的阻抗匹配。总之，在组成测试系统时，应充分考虑各特性参数之间的关系。除上述必须考虑的因素外，还应尽量兼顾体积小、重量轻、结构简单、易于维修、价格便宜、便于携带、通用化和标准化等一系列因素。

2.4 传感器原理

2.4.1 传感器的定义、组成和分类

2.4.1.1 传感器的定义

在地下工程中，所需测量的物理量大多数为非电量，如位移、压力、应力、应变等。为使非电量用电测方法来测定和记录，必须设法将它们转化为电量，这种将被测物理量直接转换成相应的容易检测、传输或处理的信号的元件称为传感器，也称换能器、变换器或探头。根据《传感器的命名法及代号》（GB/T 7666—2005）的规定，传感器的命名应由主题词加四级修饰语构成，1～4 级修饰语依次为被测量、变换原理、特征描述（传感器结构、性能、材料特征、敏感元件以及其他必要的性能特征）、主要技术指标（量程、精度等），主题词为传感器。在技术文件、产品样本、学术论文、教材及书刊的陈述句子中，作为产品名称应采用与修饰语级别相反的顺序。例如，100mm 应变式位移传感器。但在实际应用中，可采用简称，即可省略四级修饰词中的任一级，但第一级修饰词（被测量）不可省略，例如，可简称电阻应变式位移传感器、荷重传感器等。

2.4.1.2 传感器的组成

传感器一般由敏感元件、转换元件、信号调理转换电路组成。如图 2.5 所示为一种温度传感器组成。

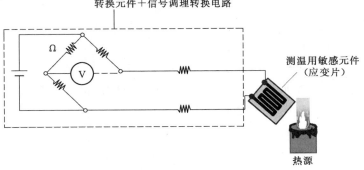

图 2.5 温度传感器组成示意图

敏感器件是传感器的核心，它的作用是直接感受被测物理量，并对信号进行转换输出。转换元件是指传感器中能将敏感元件感受或响应的被测量转换成适合于传输或测量的电信号部分。由于传感器输出信号一般都很微弱，因此传感器输出的信号一般需要进行信号调理与转换、放大、运算与调制之后才能进行显示和参与控制。

2.4.1.3 传感器的分类

目前对传感器尚无一个统一的分类方法，一般可按被测物理量、变换原理和能量转换方式分类。按变换原理分类，如电阻式、电容式、差动变压器式、光电式等，这种分类易于从原理上识别传感器的变换特性，对每一类传感器应配用的测量电路也基本相同。按被测量物理量分类，如位移传感器、压力传感器、速度传感器等。

2.4.2 电阻式传感器

电阻式传感器是将被测量（位移、力等参数）转换成电阻变化的一种传感器。按其工作原理可分为变阻器式传感器、电阻应变式传感器、热电阻式传感器和半导体热能电阻传感器等。利用电阻式传感器可以测量变形、压力、位移、加速度和温度等非电量参数。

2.4.2.1 电阻应变式传感器

电阻应变式传感器的结构包括应变片、弹性元件和其他附件。它的工作原理是基于电阻应变效应，在被测拉压力的作用下，弹性元件产生变形，贴在弹性元件上的应变片产生一定的应变，由应变仪读出读数，再根据事先标定的应变-应力关系，即可得到被测力数值。

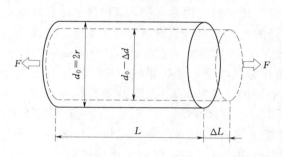

图 2.6 金属电阻丝的应变效应

1. 应变片的工作原理

导体或半导体材料在外界力的作用下产生机械变形时，其电阻值会相应地发生变化，这种现象称为应变效应。电阻应变片的工作原理就是基于应变效应。对图2.6所示的金属电阻丝，在其未受力时，假设其初始电阻值为

$$R_0 = \frac{\rho l}{A_0} \tag{2.2}$$

式中　ρ——电阻丝的电阻率；

l——电阻丝的长度；

A_0——电阻丝的截面积。

当电阻丝受到轴向的拉力 F 作用时，将伸长 Δl，横截面积相应减小 ΔA，电阻率因材料晶格发生变形等因素影响而改变了 $\Delta \rho$，从而引起的电阻值相对变化量为

$$\frac{\Delta R}{R} = \frac{\Delta l}{l} - \frac{\Delta A}{A} + \frac{\Delta \rho}{\rho} \tag{2.3}$$

以微分表示为

$$\frac{\mathrm{d}R}{R} = \frac{\mathrm{d}l}{l} - \frac{\mathrm{d}A}{A} + \frac{\mathrm{d}\rho}{\rho} \tag{2.4}$$

式中 dl/l——长度相对变化量。

$$\varepsilon = \frac{dl}{l} \qquad (2.5)$$

式中 ε——金属电阻丝的轴向应变，简称应变。

对于圆形截面金属电阻丝，截面积 $A = \pi r^2$，则

$$\frac{dA}{A} = 2\frac{dr}{r} \qquad (2.6)$$

为圆形截面电阻丝的截面积相对变化量。r 为电阻丝的半径，$dA = 2\pi r dr$，则

$$\frac{dr}{r} = \frac{1}{2}\frac{dA}{A} \qquad (2.7)$$

称为金属电阻丝的径向应变。

根据材料的力学性质，在弹性范围内，当金属丝受到轴向的拉力时，将沿轴向伸长，沿径向缩短。轴向应变和径向应变的关系可以表示为

$$\frac{dr}{r} = \frac{1}{2}\frac{dA}{A} = -\mu\frac{dl}{l} = -\mu\varepsilon \qquad (2.8)$$

式中 μ——电阻丝材料的泊松比，负号表示应变方向相反。

电阻值的相对变化量为

$$\frac{\dfrac{dR}{R}}{\varepsilon} = (1 + 2\mu) + \frac{\dfrac{d\rho}{\rho}}{\varepsilon} \qquad (2.9)$$

把单位应变引起的电阻值变化量定义为电阻丝的灵敏系数 K，则

$$K = \frac{\dfrac{dR}{R}}{\varepsilon} = 1 + 2\mu + \frac{\dfrac{d\rho}{\rho}}{\varepsilon} \qquad (2.10)$$

它的物理意义是：单位应变所引起的电阻值相对变化量的大小。

灵敏系数 K 受两个因素影响：

(1) 应变片受力后材料几何尺寸的变化，即 $1 + 2\mu$。

(2) 应变片受力后材料的电阻率发生的变化（压阻效应），即 $(d\rho/\rho)/\varepsilon$。

对金属材料来说，电阻丝灵敏度系数表达式中 $1 + 2\mu$ 的值通常要比 $(d\rho/\rho)/\varepsilon$ 大得多，而半导体材料的 $(d\rho/\rho)/\varepsilon$ 项的值比 $1 + 2\mu$ 大得多。实验表明，在电阻丝拉伸极限内，电阻的相对变化与应变成正比，即 K 为常数。

半导体应变片是用半导体材料制成的，其工作原理是基于半导体材料的压阻效应。当半导体材料受到某一轴向外力作用时，其电阻率 ρ 发生变化的现象称为半导体材料的压阻效应。当半导体应变片受轴向力作用时，其电阻率的相对变化量为

$$\frac{d\rho}{\rho} = \pi\sigma = \pi E\varepsilon \qquad (2.11)$$

式中 π——半导体材料的压阻系数；

σ——半导体材料所承受的应变力，$\sigma = E\varepsilon$；

E——半导体材料的弹性模量；

ε——半导体材料的应变。

其大小与半导体敏感元件在轴向所承受的应变力 σ 有关。

所以，半导体应变片电阻值的相对变化量为

$$\frac{\mathrm{d}R}{R}=(1+2\mu+\pi E)\varepsilon \tag{2.12}$$

一般情况下，πE 比 $1+2\mu$ 大两个数量级（10^2）左右，略去 $1+2\mu$，则半导体应变片的灵敏系数近似为

$$K=\frac{\dfrac{\mathrm{d}R}{R}}{\varepsilon}\approx\pi E \tag{2.13}$$

通常，半导体应变片的灵敏系数比金属丝式高 $50\sim80$ 倍，其主要缺点是温度系数大，应变时的非线性比较严重，因此应用范围受到一定的限制。

测量应变或应力时，在外力作用下，引起被测对象产生微小机械变形，从而使得应变片电阻值发生相应变化。所以只要测得应变片电阻值的变化量 ΔR，便可得到被测对象的应变值 ε，从而求出被测对象的应力 σ 为

$$\sigma=E\varepsilon \tag{2.14}$$

因为 $\sigma\propto\varepsilon$，所以 $\sigma=\propto\Delta R$，用电阻应变片测量应变的基本原理也就是基于此。

2. 应变片的构造和种类

根据电阻应变片所使用的材料不同，电阻应变片可分为金属电阻应变片和半导体应变片两大类。金属电阻应变片可分为金属丝式应变片、金属箔式应变片和金属薄膜式应变片；半导体应变片可分为体型半导体应变片、扩散型半导体应变片、薄膜型半导体应变片、PN 结元件等。其中最常用的是金属箔式应变片、金属丝式应变片和体型半导体应变片。应变片的核心部分是敏感栅，它粘贴在绝缘的基片上，在基片上再粘贴起保护作用的覆盖层，两端焊接引出导线，如图 2.7 所示。

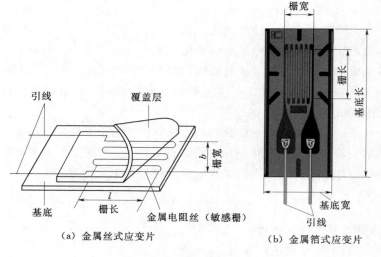

（a）金属丝式应变片　　　　（b）金属箔式应变片

图 2.7　金属电阻应变片结构

金属电阻应变片的敏感栅有丝式和箔式两种形式。丝式金属电阻应变片的敏感栅由直

径为 0.01～0.05mm 的电阻丝平行排列而成。箔式金属电阻应变片是利用光刻、腐蚀等工艺制成的一种很薄的金属箔栅，其厚度一般为 0.003～0.01mm，可制成各种形状的敏感栅（如应变化），其优点是表面积和截面积之比大，散热性能好，允许通过的电流较大，可制成各种所需的形状，便于批量生产。覆盖层与基片将敏感栅紧密地粘贴在中间，对敏感栅起几何形状固定和绝缘、保护作用，基片要将被测体的应变准确地传递到敏感栅上，因此它很薄，一般为 0.03～0.06mm，使它与被测体及敏感栅能牢固地黏合在一起，此外它还具有良好的绝缘性能、抗潮性能和耐热性能。基片和覆盖层的材料有胶膜、纸、玻璃纤维布等。

3. 应变片的粘贴

应变片的粘贴工艺步骤如下：

（1）应变片的检查与选择。首先要对采用的应变片进行外观检查，观察应变片的敏感栅是否整齐、均匀，是否有锈斑以及短路和折弯等现象。其次要对选用的应变片的阻值进行测量，阻值选取合适将对传感器的平衡调整带来方便。

（2）试件的表面处理。为了获得良好的黏合强度，必须对试件表面进行处理，清除试件表面杂质、油污及疏松层等。一般的处理办法可采用砂纸打磨，较好的处理方法是采用无油喷砂法，这样不但能得到比抛光更大的表面积，而且可以获得质量均匀的结果。为了表面的清洁，可用化学清洗剂如氯化碳、丙酮、甲苯等进行反复清洗，也可采用超声波清洗。值得注意的是，为避免氧化，应变片的粘贴尽快进行。如果不立刻贴片，可涂上一层凡士林暂做保护。

（3）底层处理。为了保证应变片能牢固地贴在试件上，并具有足够的绝缘电阻，改善胶接性能，可在粘贴位置涂上一层底胶。

（4）贴片。将应变片底面用清洁剂清洗干净，然后在试件表面和应变片底面各涂上一层薄而均匀的黏合剂。待稍干后，将应变片对准划线位置迅速贴上，然后盖一层玻璃纸，用手指或胶辊加压，挤出气泡及多余的胶水，保证胶层尽可能薄而均匀。

（5）固化。黏合剂的固化是否完全，直接影响到胶的物理机械性能。关键是要掌握好温度、时间和循环周期。无论是自然干燥还是加热固化都要严格按照工艺规范进行。为了防止强度降低、绝缘破坏以及电化腐蚀，在固化后的应变片上应涂上防潮保护层，防潮层一般可采用稀释的黏合。

（6）粘贴质量检查。首先是从外观上检查粘贴位置是否正确，黏合层是否有气泡、漏粘、破损等。然后是测量应变片敏感栅是否有断路或短路现象以及测量敏感栅的绝缘电阻。

（7）引线焊接与组桥连线。检查合格后即可焊接引出导线，引线应适当加以固定。应变片之间通过粗细合适的漆包线连接组成桥路。连接长度应尽量一致，且不宜过多。

4. 应变片的灵敏系数和横向效应

通常情况下，任何一个应变片均有两个灵敏度系数，即轴向系数 f_a 和横向系数 f_t，如图 2.8 所示一轴向受拉的梁，梁上所粘贴的应变片在外力 F 作用下引起的电阻值相对变化量为

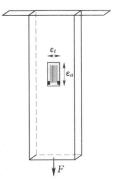

图 2.8 应变片的轴向和横向变形

$$\frac{\Delta R}{R} = f_a \varepsilon_a + f_t \varepsilon_t \qquad\qquad (2.15)$$

式中　ε_a、ε_t——轴向应变和横向应变。

式（2.15）亦可写成

$$\frac{\Delta R}{R} = f_a(\varepsilon_a + K_t \varepsilon_t) \qquad\qquad (2.16)$$

其中

$$K_t = \frac{f_t}{f_a}$$

式中　K_t——应变片的横向效应系数。

如果应变片是理想的转换元件，它就应只对其栅长方向的应变"敏感"，面在栅宽方向"绝对迟钝"。当材料产生纵向应变 ε_a 时，由于横向效应，将在其横向产生一个与纵向应变符号相反的横向应变 $\varepsilon_t = -\mu\varepsilon_a$，因此，应变片上横向部分的线栅与纵向部分的线栅产生的电阻变化符号相反，使应变片的总电阻变化量减小，此种现象称为应变片的横向效应，用横向效应系数 K_t 来描述。

式（2.16）可以进一步改写成

$$\frac{\Delta R}{R} = f_a(\varepsilon_a - K_t \mu \varepsilon_a) \quad 或 \quad \frac{\Delta R}{R} = f_a(1 - K_t \mu)\varepsilon_a \qquad (2.17)$$

其中

$$F = f_a(1 - K_t \mu)$$

式中　F——应变片出厂时的灵敏度系数。

需要指出的是，横向灵敏度引起的误差往往是较小的，只有在测量精度要求较高和应变场的情况较复杂时才考虑修正。

5. 应变片的工作特性

除应变片的灵敏系数 F 和横向效应系数 K_t 外，衡量应变片工作特性的指标还有以下几种：

（1）应变片的尺寸。顺着应变片轴向敏感栅两端转弯处内侧之间的距离称为栅长（或叫标距）。敏感栅的横向尺寸称为栅宽。应变片的基长和宽度要比敏感栅大一些。在可能的条件下，应当尽量选用栅长大一些、栅宽小一些的应变片。

（2）应变片的电阻值。应变片的电阻值，是指应变片在没有粘贴、未受力时、在室温下所测定的电阻值。应变片的标准名义电阻值有 60Ω、120Ω、200Ω、350Ω、500Ω、1000Ω 等系列；最常用的为 120Ω 和 350Ω 两种。出厂时，应提供每包应变片电阻的平均值及单个阻值与平均阻值的最大偏差。在相同的工作电流下，应变片的阻值越大，允许的工作电压越大，可以提高测试灵敏度。

（3）机械滞后量。在恒定温度下，对贴有应变片的试件进行加卸载试验，对各应力水平下应变片加卸载时所指示的应变量的最大差值作为该批应变片的机械滞后量。机械滞后主要是由敏感栅、基底和黏结剂在承受应变后留下的残余应变所致。在测试过程中，为了减少应变片的机械滞后给测量结果带来的误差，可对新粘贴应变片的试件反复加卸载 3～5 次。

（4）零点漂移和蠕变。在温度恒定、被测试件不受力的情况下，试件上应变片的指示应变随时间的变化称为零点漂移（简称零漂）。如果温度恒定，应变片承受有恒定的机械应变时，应变随时间的变化称为蠕变。零漂的主要原因是由于应变片的绝缘电阻过低、敏感栅通电流后的温度效应、黏结剂固化不充分、制造和粘贴应变片过程中造成的初应力以及仪器的零漂或动漂等所造成。蠕变主要是胶层在传递应变开始阶段出现的"滑动"所造成的。

（5）应变极限。在室温条件下，对贴有应变片的试件加载，使试件的应变逐渐增大，应变片的指示应变与机械应变的相对误差达到规定值（一般为10%）时的机械应变即为应变片的应变极限，认为此时应变片已失去工作能力。

（6）绝缘电阻。绝缘电阻是指敏感栅及引线与被测试件之间的电阻值，常作为应变片黏结层固化程度和是否受潮的标志。绝缘电阻下降会带来零漂和测量误差，特别是不稳定的绝缘电阻会导致测试失败。所以，重要的是采取措施保持其稳定，这对于用于长时间测量的应变片极为重要。

（7）疲劳寿命。疲劳寿命是指贴有应变片的试件在恒定幅值的交变应力作用下，应变片连续工作，直至产生疲劳损坏时的循环次数，通常可达 $10^6 \sim 10^7$ 次。

（8）最大工作电流。最大工作电流是允许通过应变片而不影响其工作特性的最大电流，通常为几十毫安。静态测量时，为提高测量精度，流过应变片的电流要小一些；短期动测时，为增大输出功率，电流可大一些。

6. 应变测量电路（惠斯登电桥电路）

应变片将应变信号转换成电阻相对变化量是第一次转换，而应变基本测量电路则是将电阻相对变化量再转换成电压或电流信号，以便显示、记录和处理，这是第二次转换。通常，转换后的信号很微弱，必须经调制、放大、解调、滤波等变换环节才能获得所需的信号，这一系统称应变测量电路，并构成电阻应变仪。应变测量一般采用惠斯登电桥电路，如图2.9所示。

惠斯登电桥电路可有效地测量 $10^{-3} \sim 10^{-6}$ 数量级的微小电阻变化率，且精度很高，稳定性好，易于进行温度补偿，所以，在电阻应变仪和应变测量中应用极广。按电源供电方式不同，电桥可分为直流电桥和交流电桥。

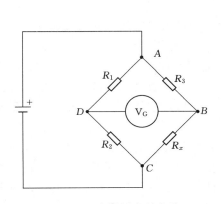

图 2.9　惠斯登电桥电路

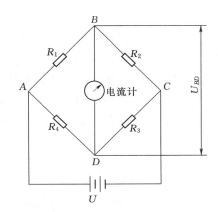

图 2.10　直流惠斯登电桥

（1）直流电桥。如图2.10所示为直流惠斯登电桥，由四个电阻 R_1、R_2、R_3、R_4 组成四个桥臂：A、C 为供桥端，接电压为 E 的直流电源，B、D 为输出端，电桥的输出电压为

$$U_{BD} = \frac{R_1 R_3 - R_2 R_4}{(R_1 + R_2)(R_3 + R_4)} E \qquad (2.18)$$

当 $U_{BD}=0$ 时，电桥处于平衡状态，故电桥的平衡条件为

$$R_1R_3-R_2R_4=0$$

或

$$\frac{R_1}{R_4}=\frac{R_2}{R_3} \tag{2.19}$$

实际测量时，桥臂四个电阻 $R_1=R_2=R_3=R_4=R$，此时称等臂电桥。

设 R_1 为工作应变片，当试件受力作用产生应变时，其阻值有一增量 ΔR，此时，桥路就有不平衡输出，由于 $\Delta R \ll R$，可得电压输出为

$$U_{BD}=\frac{\Delta R}{4R}E=\frac{1}{4}k\varepsilon E \tag{2.20}$$

上式是电阻应变仪中最常用的基本关系式，它表明等臂电桥的输出电压与应变在一定范围内呈线性关系。

设电桥四臂均为工作应变片，其电阻为 R_1、R_2、R_3、R_4，当应变片未受力时，电桥处于平衡状态，电桥输出电压为零。当受力后，电桥四臂都产生电阻变化分别为 ΔR_1，ΔR_2，ΔR_3，ΔR_4，电桥电压输出为

$$U_{BD}=\frac{\Delta R_1R_3-\Delta R_2R_4+\Delta R_3R_1-\Delta R_4R_2}{(R_1+R_2)(R_3+R_4)}E \tag{2.21}$$

下面，根据三种桥臂配置情况进行分析：

1）全等臂电桥，即 $R_1=R_2=R_3=R_4=R$，其电压输出为

$$U_{BD}=\frac{1}{4}\left(\frac{\Delta R_1}{R_1}-\frac{\Delta R_2}{R_2}+\frac{\Delta R_3}{R_3}-\frac{\Delta R_4}{R_4}\right)E=\frac{1}{4}kE(\varepsilon_1-\varepsilon_2+\varepsilon_3-\varepsilon_4) \tag{2.22}$$

2）输出对称电桥：$R_1=R_2$，$R_3=R_4$，其电压输出与全等臂电桥相同。

3）电源对称电桥：$R_1=R_4$，$R_2=R_3$，令 $\frac{R_2}{R_1}=\frac{R_3}{R_4}=a$，则其电压输出为

$$U_{BD}=\frac{1}{(a+1)^2}\left(a\frac{\Delta R_1}{R_1}-a\frac{\Delta R_2}{R_2}+a\frac{\Delta R_3}{R_3}-a\frac{\Delta R_4}{R_4}\right)E=\frac{a}{(a+1)^2}kE(\varepsilon_1-\varepsilon_2+\varepsilon_3-\varepsilon_4) \tag{2.23}$$

从上面分析可知，相邻桥臂的应变极性一致（即同为拉应变或同为压应变）时，输出电压为两者之差；极性不一致（即一为拉应变，另一为压应变）时，输出电压为两者之和。而相对桥臂则与上述规律相反，此特性称为电桥的加减特性（或和差特性），该特性对于交流电桥也完全适用。利用该特性，可提高电桥的灵敏度，对稳定影响予以补偿，从复杂受力的试件上测取某外力因素引起的应变等，所以，它是在构件上布片和接桥时遵循的基本准则之一。

（2）电桥的平衡。电桥平衡的物理意义如下：试件在不受力的初始条件下，应变电桥的输出也应为零，相当于标定曲线的坐标原点，由于应变片本身的制造公差，任意两个应变片的电阻值也不可能相等，而且接触电阻和导线电阻也有差异，所以，必须设置电桥调平衡电路。在交流电桥中，应变片引出导线间和应变片与构件间都存在这分布电容，其容抗与供桥电压圆频率成正比，它与应变片的电阻并联，严重影响着电桥的平衡和输出，降低电桥的灵敏度，导致信号失真。因此，试件加载前，还必须有电容预调平衡。

2.4.2.2　压阻式传感器

金属电阻应变片性能稳定、精度较高，至今还在不断地改进和发展，并在一些高精度

应变式传感器中得到了广泛的应用。这类应变片的主要缺点是应变灵敏系数较小。而 20 世纪 50 年代中期出现的半导体应变片可以改善这一不足，其灵敏系数比金属电阻应变片约高 50 倍，主要有体型半导体应变片和扩散型半导体应变片。用半导体应变片制作的传感器称为压阻式传感器，其工作原理是基于半导体材料的压阻效应。

1. 半导体的压阻效应

半导体的压阻效应是指单晶半导体材料在沿某一轴向受外力作用时，其电阻率发生很大变化的现象。不同类型的半导体，施加荷载的方向不同，压阻效应也不一样。目前使用最多的是单晶硅半导体。

一个长为 l，横截面积为 A，电阻率为 ρ 的均匀条形半导体材料，其电阻值为

$$R = \rho \frac{l}{A} \tag{2.24}$$

当该均匀条材受到一个沿着长度方向的纵向应力时，由于几何形状及内部结构发生变化，会引起其电阻值变化。用与分析金属电阻丝应变效应相同的方法可以得到

$$\frac{\Delta R}{R} = \pi_l E \varepsilon = \pi_l \sigma \tag{2.25}$$

式中 π——半导体材料的压阻系数，它与半导体材料种类及应力方向与晶轴方向之间的夹角有关；

E——半导体材料的弹性模量。

而 $\pi_l E$ 项为压阻效应的影响，随电阻率而变化，由此可见，半导体材料的电阻值变化主要是由电阻率变化引起的，而电阻串 P 的变化是由应变引起的。因此，半导体单晶的应变灵敏系数可表示为

$$K = \frac{\frac{\Delta R}{R}}{\varepsilon} = \pi_l E \tag{2.26}$$

半导体的应变灵敏系数还与掺杂浓度有关，它随杂质的增加而减小。

2. 体型半导体电阻应变片

（1）结构形式及特点。体型半导体电阻应变片是从单晶硅或锗上切下薄片制成的应变片，结构形式如图 2.11 所示。

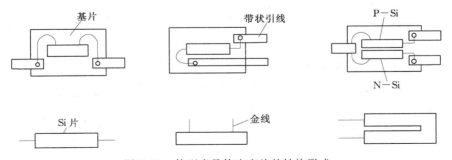

图 2.11 体型半导体应变片的结构形式

半导体应变片的主要优点是灵敏系数比金属电阻应变片的灵敏系数大数十倍，通常不需要放大器就可以直接输入显示器或记录仪，可以简化测试系统；另外它的横向效应和机

械滞后极小。但是，半导体应变片的温度稳定性和线性度比金属电阻应变片差很多，很难用它制作高精度的传感器，只能作为其他类型传感器的辅助元件。近年来，由于半导体材料和制作技术的提高，半导体应变片的温度稳定性和线性度都得到了改善。

（2）测量电路。在半导体应变片组成的传感器中，均由 4 个应变片组成全桥电路，将 4 个应变什粘贴在弹性元件上，其中 2 个应变片在工作时受拉，而另外 2 个则受压，从而使电桥输出的灵敏度达到最大。电桥的供电电源可以采用恒压源，也可以来用恒流源，因此，桥路输出的电压与应变片阻值变化的关系有所不同。对于恒压源来说，其关系为

$$U_0 = \frac{U \Delta R}{R + \Delta R} \qquad (2.27)$$

式中　U_0——电桥输出电压；

　　　U——电桥供电电压；

　　　R——应变片阻值；

　　　ΔR——应变片阻值变化。

式（2.27）说明，电桥输出电压受环境温度的影响。

对于电桥采用电流为 J 的恒流源供电，其关系为

$$U_0 = I \Delta R \qquad (2.28)$$

式（2.28）说明，电桥输出电压与 AR 成正比，且环境温度的变化对其没有影响。

由于半导体应变片是采用粘贴的方法安装在弹性元件上的，存在着零点漂移相蠕变，用它制成的传感器的长期稳定性差。

3. 扩散型压阻式传感器

为了克服半导体应变片粘贴造成的缺点，采用 N 型单晶硅为传感器的弹性元件，在它上面直接蒸馏半导体电阻应变薄膜，制成扩散型压阻式传感器。扩散型压阻式传感器的原理与半导体应变片传感器相同，不同之处是前者直接在硅弹性元件上扩散出敏感栅，后者是用黏结剂粘贴在弹性元件上。

如图 2.12 所示是扩散型压阻式压力传感器的简单结构，其核心部分是一块圆形硅膜片，在膜片上，利用扩散工艺设置有 4 个阻值相等的电阻，用导线将其构成平衡电桥。膜片的四周用因环（硅环）固定。膜片的两边有两个压力腔、一个是与校测系统相连接的高压腔，另一个是低压腔，一般与大气相通。

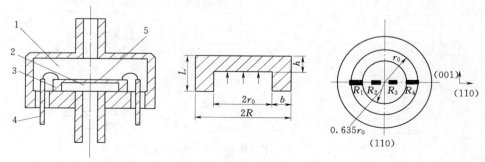

图 2.12 扩散型压阻式压力传感器结构简图

1—低压腔；2—高压腔；3—硅环；4—引线；5—硅膜片

当膜片两边存在压力差时，膜片产生变形，膜片上各点产生应力。4 个电阻在应力作用下，阻值发生变化，电桥失去平衡，输出相应的电压。该电压与膜片两边的压力差成正比，这样，测得不平衡电桥的输出电压，就测出了膜片受到的压力差的大小。

扩散型压阻式压力传感器的主要优点是体积小，结构比较简单，灵敏度高，能测出十几帕的微压，长期稳定性好，滞后和蠕变小，频率高，便于生产，成本低。因此，它是一种目前比较理想的、发展较为迅速的压力传感器。现在出现的智能压阻式压力传感器，传感器与计算机集成在同一硅片上，兼有信号检测、处理、记忆等功能，从而大大提高了传感器的稳定性和测量精确度。

2.4.3 电感式传感器

电感式传感器是根据电磁感应原理制成的，它是将被测非电量转换为线圈的自感系数 L 或互感系数 M 变化的装置。由于电感式传感器是将被测量的变化转化成电感量的变化，所以根据电感的类型不同，电感传感器可分成自感式（单磁路电感式）和互感式（差动变压器式）两类。

2.4.3.1 单磁路电感传感器

单磁路电感传感器由铁芯、线圈和衔铁组成，如图 2.13 所示。当衔铁运动时，衔铁与带线圈的铁芯之间的空气隙发生变化，引起磁路中磁阻的变化，因此改变了线圈中的电感。线圈中的电感量 L 可按下式计算：

$$L = \frac{N^2}{R_m} = \frac{N^2}{R_{m_0} + R_{m_1} + R_{m_2}} \qquad (2.29)$$

式中　　　　　　N——线圈的匝数；

　　　　　　　　R_m——磁路的总磁阻；

R_{m_0}、R_{m_1}、R_{m_2}——空气隙、铁芯和衔铁的磁阻。

其中，磁路总磁阻又可改写为

$$R_m = \frac{2\delta}{\mu_0 A_0} + \frac{l_1}{\mu_1 A_1} + \frac{l_2}{\mu_2 A_2} \qquad (2.30)$$

式中　A_0——空气隙有效导磁截面面积；

　　　　δ——空气隙的隘路长度；

　μ_1、l_1——铁芯材料的磁导率和磁通通过铁芯的长度；

　μ_2、l_2——衔铁材料的磁导率和磁通通过衔铁的长度；

　A_1、A_2——铁芯和衔铁的截面面积。

通常空气隙的磁阻远大于铁芯和衔铁的磁阻，所以式（2.30）可以写为

$$R_m \approx \frac{2\delta}{\mu_0 A_0} \qquad (2.31)$$

将式（2.31）代入式（2.29），得

$$L = \frac{N^2}{R_m} \approx \frac{N^2}{R_{m_0}} = \frac{N^2 \mu_0 A}{2\delta} \qquad (2.32)$$

上式表明，电感量与线圈的匝数平方成正比，与空气隙有效导磁截面面积成正比，与空气隙的磁路长度成反比。因此，改变空气隙长度和改变空气隙截面面积都能使电感量变

化，从而可形成三种类型的单磁路电感传感器：改变空气隙长度 δ，改变磁通空气隙面积 A，螺旋管式（可动铁芯式）。其中，最后一种实质上是改变铁芯上的有效圈数。在实际测试线路中，常采用调频测试系统，将传感器的线圈作为调频振荡的谐振回路中的一个电感元件。单磁路电感传感器可做成位移的电感式传感器和压力的电感式传感器，也可做成加速度的电感式传感器。

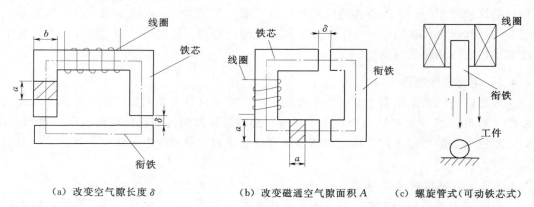

(a) 改变空气隙长度 δ　　　(b) 改变磁通空气隙面积 A　　(c) 螺旋管式（可动铁芯式）

图 2.13　单磁路电感传感器

2.4.3.2　差动变压器式电感传感器

差动变压器式电感传感器是互感式电感传感器中最常用的一种，其原理如图 2.14 所示。这种传感器是根据变压器的基本原理制成的，把被测位移量转换为一次线圈与二次线圈间的互感量变化的装置。当一次线圈接入激励电源后，二次线圈就将产生感应电动势，当两者间的互感量变化时，感应电动势也相应变化。由于两个二次线圈采用差动接法，故称为差动变压器式传感器，简称差动变压器。利用电磁感应原理将被测非电量转换成线圈自感系数或互感系数的变化，再由测量电路转换为电压或电流的变化量输出，这种装置称为电感式传感器。

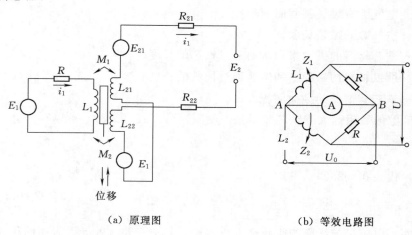

(a) 原理图　　　　　　　　　(b) 等效电路图

图 2.14　差动变压器式电感传感器原理图和等效电路图

按理想化情况（忽略涡流、磁滞损耗等）计算，则有

$$I_1 = \frac{E_1}{R_1 + j\omega L_1} \tag{2.33}$$

次级线圈中的感应电势分别为

$$E_{21} = -j\omega M_1 I_1 ; E_{22} = j\omega M_2 I_1 \tag{2.34}$$

当负载开路时，输出电势为

$$E_2 = E_{21} - E_{22} = -j\omega(M_1 - M_2)I_1 \tag{2.35}$$

$$E_2 = -j\omega(M_1 - M_2)\frac{E_1}{R_1 + j\omega L_1} \tag{2.36}$$

输出电势有效值为

$$E_2 = \frac{\omega(M_1 - M_2)}{\sqrt{R_1^2 + (\omega L_1)^2}} E_1 \tag{2.37}$$

当衔铁在两线圈中间位置时，由于 $M_1 = M_2 = M$，所以，$E_2 = 0$。若衔铁偏离中间位置时，$M_1 \neq M_2$，若衔铁向上移动，则 $M_1 = M + \Delta M$，$M_s = M - \Delta M$，此时，上式变为

$$E_2 = \frac{\omega E_1}{\sqrt{R_1^2 + (\omega L_1)^2}} 2\Delta M = 2KE_1 \tag{2.38}$$

式中　ω——初级线圈激磁电压的角频率；

K——简化系数。

由上式可见，输出电势 E_2 的大小与互感系数差值 ΔM 成正比。由于设计时，次级线圈各参数做成对称，当衔铁向上与向下移动量相等时，两根次级线圈的输出电势相等，即 $E_{21} = E_{22}$，但极性相反，故差动变压器式电感传感器的总输出电势 E_2 是激励电势 E_1 的两倍。E_2 与衔铁输出位移 x 之间的关系如图 2.15 所示。

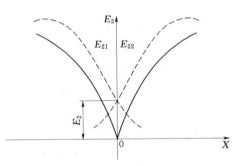

图 2.15　总输出电势 E_2 与衔铁
输出位移 X 的关系

交流电压输出存在一定的零点残余电压，这是由于两个次级线圈不对称、次级线圈铜电阻的存在、铁滋材质不均匀、线圈间分布电容存在等原因所形成，因此，即使衔铁处于中间位置时，输出电压也不等于零。

由于差动变压器的输出电压是交流量，其幅值大小与衔铁位移成正比，其输出电压如用交流电压表来指示，只能反映衔铁位移的大小，但不能显示位移的方向。为此，其后接电路应既能反映衔铁的位移方向，又能指示位移的大小。同时，在电路上还应没有调零电阻 R_0。在工作之前，使零点残余电压 E_0 调至最小。这样，当有输入信号时，传感器输出的交流电压经交流放大，经相敏检波滤波后得到直流电压输出，由直流电压表指示出与输出位移量相应的大小和方向，如图 2.16 所示。

2.4.4　电容式传感器

电容式传感器是以各种类型的电容器作为敏感元件，将被测物理量的变化转换为电容量的变化，再由转换电路（测量电路）转换为电压、电流或频率，以达到检测的目的。因

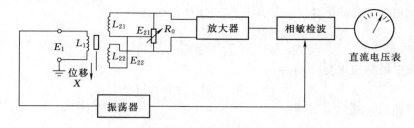

图 2.16　差动变压器的输出电路

此，凡是能引起电容量变化的有关非电量，均可用电容式传感器进行电测变换。

电容式传感器不仅能测量荷重、位移、振动、角度、加速度等机械量，还能测量压力、液面、料面、成分含量等热工量。这种传感器具有结构简单、灵敏度高、动态特性好等一系列优点，在机电控制系统中占有十分重要的地位。

2.4.4.1　电容式传感器的工作原理

由绝缘介质分开的两个平行金属板组成的平板电容器，如果不考虑边缘效应，其电容量为

$$\left.\begin{aligned} C &= \frac{\varepsilon A}{d} \\ \varepsilon &= \varepsilon_0 \varepsilon_r \\ \varepsilon_0 &= 8.85 \times 10^{-12} \, \text{F/m} \end{aligned}\right\} \tag{2.39}$$

式中　ε——电容器极板间介质的介电常数；

　　　ε_0——真空的介电常数；

　　　ε_r——极板间介质的相对介电常数；

　　　A——两平行板所覆盖的面积；

　　　d——两平行板之间的距离。

当被测参数变化使得式（2.39）中的 A、d 或 ε 发生变化时，电容量 C 也随之变化。如果保持其中两个参数不变，而仅改变其中一个参数，就可把该参数的变化转换为电容量的变化，通过测量电路就可转换为电量输出。因此，电容式传感器可分为变极距式、变面积式和变介质式三种。图 2.17 为常见的电容式传感元件的结构形式。

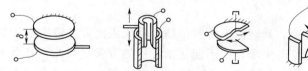

（a）变极距式电容传感元件　　　（b）变面积式电容传感元件　　　（c）变介质式电容传感元件

图 2.17　常见的电容式传感元件

2.4.4.2　电容式传感器的应用

1. 电容式压力传感器

图 2.18 为差动电容式压力传感器的结构图。图中所示膜片为动电极，两个在凹形玻

璃上的金属镀层为固定电极，构成差动电容器。当被测压力或压力差作用于膜片并产生位移时，所形成的两个电容器的电容量，一个增大，一个减小。该电容值的变化经测量电路转换成与压力或压力差相对应的电流或电压的变化。

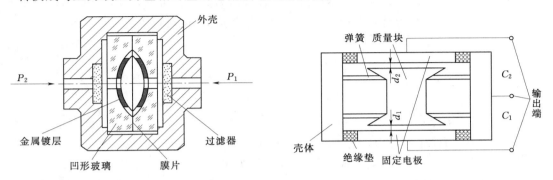

图 2.18　差动式电容压力传感器结构图　　　图 2.19　差动式电容加速度传感器结构图

2. 电容式加速度传感器

图 2.19 为差动电容式加速度传感器结构图，当传感器壳体随被测对象沿垂直方向做直线加速运动时，质量块在惯性空间中相对静止，两个固定电极将相对于质量块在垂直方向产生大小正比于被测加速度的位移。此位移使两电容的间隙发生变化，一个增加，一个减小，从而使 C_1、C_2 产生大小相等、符号相反的增量，此增量正比于被测加速度。电容式加速度传感器的主要特点是频率响应快和量程范围大，大多采用空气或其他气体做阻尼物质。

3. 差动电容式测厚传感器

电容测厚传感器是用来对金属带材在轧制过程中厚度的检测，其工作原理是在被测带材的上下两侧各置放一块面积相等，与带材距离相等的极板，这样极板与带材就构成了两个电容器 C_1、C_2。把两块极板用导线连接起来成为一个极，而带材就是电容的另一个极，其总电容为 $C_1 + C_2$，如果带材的厚度发生变化，将引起电容量的变化，用交流电桥将电容的变化测出来，经过放大即可由电表指示测量结果。差动电容式测厚传感器的测量原理框图如图 2.20 所示。音频信号发生器产生的音频信号，接入变压器 T 的原边线圈，变压器副边的两个线圈作为测量电桥的两臂，电桥的另外两桥臂由标准电容 C_0 和带材与极板形成的被测电容 C_x（$C_x = C_1 + C_2$）组成。电桥的输出电压经放大器放大后整流为直流，再经差动放大，即可用指示电表指示出带材厚度的变化。

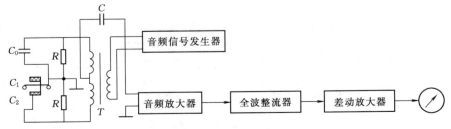

图 2.20　差动式电容测厚传感器的测量原理框图

2.4.5　钢弦式传感器

2.4.5.1　钢弦式传感器原理

在地下工程现场测试中，常利用钢弦式应变计和压力盒作为量测元件，其基本原理是由钢弦内应力的变化转变为钢弦振动频率的变化。钢弦应力-振动频率的关系如下：

$$f=\frac{1}{2L}\sqrt{\frac{\sigma}{\rho}}\tag{2.40}$$

式中　f——钢弦振动频率；

$\quad\quad L$——钢弦长度；

$\quad\quad \rho$——钢弦密度；

$\quad\quad \sigma$——钢弦所受张拉应力。

如以压力盒为例，当压力盒已做成后，L，ρ 已为定值，所以，钢弦频率只取决于钢弦上的张拉应力，而钢弦上产生的张拉应力又取决于外来压力 P，从而使钢弦频率与薄膜所受压力 P 的关系如下：

$$f^2-f_0^2=KP\tag{2.41}$$

式中　f——压力盒受力后钢弦的频率；

$\quad\quad f_0$——压力盒未受力时钢弦的频率；

$\quad\quad P$——压力盒底部薄膜所受外力；

$\quad\quad K$——标定系数，与压力盒构造等有关，各压力盒各不相同。

2.4.5.2　钢弦式传感器的构造和性能

钢弦式传感器分类：钢弦式压力盒（土压力盒）、钢弦式钢筋应力计、钢弦式表面应变计。

1. 钢弦式压力盒

钢弦式压力盒构造简单，测试结果比较稳定，受温度影响小，易于防潮，可用于长期观测，故在地下工程和岩土工程现场测试和监测中得到广泛的应用。其缺点是灵敏度受压力盒尺寸的限制，并且不能用于动态测试。该种传感器是测定地下结构和岩土体压力最为常用的元件。

（1）土压力盒基本构造及原理。现在使用的土压力盒，从盒体构造上分，可以分为单膜式土压力盒和双膜式土压力盒。如图 2.21 所示。单膜式土压力盒构造简单，价钱便宜，但灵敏度较低；双膜式土压力盒构造复杂，价钱贵，灵敏度高。一般工程采用单膜式土压力盒，重要工程采用双膜式土压力盒。

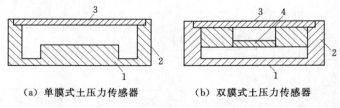

（a）单膜式土压力传感器　　　　（b）双膜式土压力传感器

图 2.21　不同构造的土压力盒

1——次膜；2—盒体；3—后盖；4—二次膜

钢弦式压力盒基本原理如图 2.22 所示，当压力盒在一定压力作用下，其传感面 1（薄膜）向上微微鼓起，引起钢弦 3 的伸长，钢弦在未受压力时具有一定的初始频率（例如，每秒振动 1000 次，即自振频率为 1000Hz），当拉紧后，频率就会提高。作用在薄膜上的压力不同，钢弦被拉紧的程度不一样，测得的频率也会发生差异。我们就是根据测到的不同频率来推得作用在薄膜上的压力大小的。

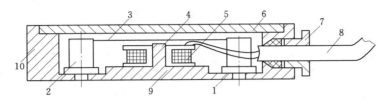

图 2.22 卧式钢弦压力盒构造示意图

1—弹性薄膜；2—钢弦柱；3—钢弦；4—铁芯；5—线圈；6—盖板
7—密封塞；8—电缆；9—底座；10—外壳

在施测中，激振器间隔一定时间向线圈 5 馈送高压脉冲电流，因而在铁芯 4 中便产生磁力线，它给钢弦 3 一种激发力，使电磁线圈 5 不断地吸合或释放钢弦。当钢弦 3 振动时，它与铁芯 4 之间的微小间隙发生周期性变化，因而引起磁力线回路中的磁阻发生变化。磁阻的变化又反过来引起线圈 5 中感应出与该振动频率相同的交变电动势，交变电动势经放大器放大后送接收装置接收。激振并接收频率信号由二次仪表钢弦频率测定仪完成。

（2）土压力盒的主要技术性能参数。

1）灵敏度系数 K。

土压力盒在未受压力时：

$$f_0 = \frac{1}{2L}\sqrt{\frac{\sigma_0}{\rho}} \tag{2.42}$$

土压力盒在受压力时：

$$f_i = \frac{1}{2L}\sqrt{\frac{\sigma_0 + \Delta\sigma}{\rho}} \tag{2.43}$$

综合以上两式可得

$$P_i = \frac{4L^2\rho}{A}(f_i^2 - f_0^2) = K(f_i^2 - f_0^2) \tag{2.44}$$

土压力盒的标定结果按上式来进行处理，并用最小二乘法确定工作特性曲线，其直线方程为

$$N = a + bP_i \tag{2.45}$$

式中 N——输出频率的平方差，$N = (f_i^2 - f_0^2)$；

a、b——标定系数。

2）零点压力的输出频率。零点压力输出频率又称初频，可由下式确定：

$$f = \frac{1}{m}\sum_{j=1}^{m} f_{0j} \tag{2.46}$$

式中　f_{0j}——第 j 次加荷和退荷测量时，零点压力下的输出频率值；

　　　m——试验循环的编数，一般循环 3 次。

3）额定压力时的输出频率。额定压力即压力盒所能测量的最大压力，其输出频率为

$$f_{nr} = \frac{1}{m} \sum_{j=1}^{m} f_{nrj} \qquad (2.47)$$

式中　f_{nrj}——第 j 次加荷至额定压力值时的输出频率值；

　　　m——试验循环的遍数，一般循环 3 次。

额定输出的公式：　　　　　　　　　$f_n = f_{nr} - f_0$ 　　　　　　　　　(2.48)

4）分辨力。定义：能引起输出量发生变化时输入量的最小变化量称为量测系统的分辨力。

$$r = \frac{1}{f_n} \times 100\% \qquad (2.49)$$

5）长期稳定性。土压力盒要求长期稳定性比较好。可将压力盒静置 3 个月，再进行一次标定试验，其前述技术性能指标应满足。

6）温度影响。钢弦式压力盒的输出频率随着温度的变化而变化。

7）防水密封性。由于压力盒埋于土中，应进行防水密封性试验。

2. 钢弦式钢筋应力计

（1）构造。钢弦式钢筋应力计主要由传力应变管、钢弦及其夹紧部件、电磁激励线圈等组成。基本原理与钢弦式土压力盒相同。钢弦式钢筋应力计如图 2.23 所示，主要由两部分组成，即壳体部分和振动部分。

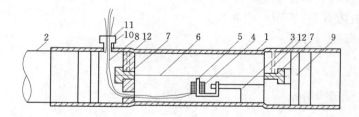

图 2.23　钢筋应力计示意图

1—钢管；2—拉杆；3—固定线圈和钢弦夹头装置；4—电磁线圈；5—铁芯；

6—钢弦；7—钢弦夹头；8—电线；9—止水螺丝；10—引线套管；

11—止水螺帽；12—固定螺丝

（2）钢筋计与钢筋的连接。使用钢筋应力计时，应把钢筋计刚性地连接在钢筋测点位置上，其连接方法有焊接和螺纹连接。

3. 钢弦式表面应变计

（1）构造。钢弦式表面应变计的构造如图 2.24 所示，它可以测定钢支撑的应变，从而计算得出支撑轴力。

（2）安装方法。

1）将一标准长度的芯棒装在安装架上，拧紧螺丝。

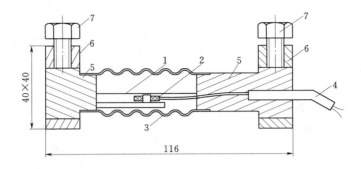

图 2.24　钢弦式表面应变计构造示意图

1—钢弦；2—电磁线圈；3—金属波纹管；4—电缆；5—钢弦
夹头及连接壳体；6—安装架；7—锁紧螺丝

2）将装有标准芯棒的安装架焊接在钢支撑的表面。

3）松开螺丝，从一端取出标准芯棒，待安装架冷却后，将应变计从一端慢慢推入安装架内，到位后再把锁紧螺丝拧紧。

（3）轴力计算。实测应变的计算公式为

$$\varepsilon = (f_0^2 - f_i^2)K \tag{2.50}$$

式中　f_0——应变计安装后的初始频率；

　　　f_i——应变计受力后的频率；

　　　K——应变计的标定系数。

4. 钢弦式混凝土应变计

钢弦式混凝土应变计的埋入方法可分为：直接埋入法和间接埋入法。构造如图 2.25 所示，混凝土应变通过连接壳体传递给振弦转变成振弦率变化，即可测得混凝土应变的变化。

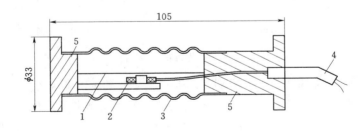

图 2.25　混凝土应变计构造示意图

1—钢弦；2—电磁线圈；3—波纹管；4—电缆；5—钢弦夹头及连接壳体

2.4.6　光纤传感器

光纤传感器是 20 世纪 70 年代中期发展起来的一种基于光导纤维的新型传感器。它是光纤和光通信技术迅速发展的产物，它与以电为基础的传感器有本质区别。光纤传感器用光作为敏感信息的载体，用光纤作为传递敏感信息的媒质。因此，它同时具有光纤及光学测量的特点。

（1）电绝缘性和化学稳定性。

（2）抗电磁干扰能力强。

（3）非侵入性。

（4）高灵敏度。

（5）容易实现对被测信号的远距离监控。

光纤传感器能用于温度、压力、应变、位移、速度、加速度、磁、电、声和 pH 值等 70 多个物理量的测量，在自动控制、在线检测、故障诊断、安全报警等方面具有极为广泛的应用潜力和发展前景。

2.4.6.1　光纤结构及传光原理

1. 光纤的结构

光导纤维简称光纤，它是一种特殊结构的光学纤维，结构如图 2.26 所示。中心的圆柱体叫纤芯（core），围绕着纤芯的圆形外层叫包层（cladding）。纤芯和包层通常由不同掺杂的石英玻璃制成。纤芯的折射率 n_1 略大于包层的折射率 n_2，光纤的导光能力取决于纤芯和包层的性质。在包层外面还常有一层保护套，多为尼龙材料，以增加机械强度。

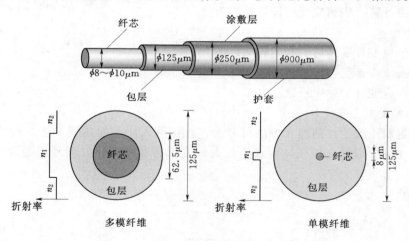

图 2.26　光纤的基本结构

纤芯的主要成分为 SiO_2（二氧化硅），其中含有极微量的掺杂剂，一般为 GeO_2（二氧化锗）、P_2O_5（五氧化二磷）、B_2O_3（三氧化硼）等氧化物来调节包层及纤芯的折射率。用以提高纤芯的折射率，使得光纤纤芯的折射率略高于包层的折射率，以保证光的全反射进行。纤芯的直径在 $5\sim50\mu m$ 之间，其中单模光纤为 $8\sim10\mu m$，多模光纤通常为 $50\mu m$、$62.5\mu m$、$100\mu m$。包层主要成分也为二氧化硅，直径为 $125\mu m$。涂敷层一般为环氧树脂、硅橡胶等高分子材料，外径为 $250\mu m$，用于增强光纤的柔韧性、机械强度和耐老化特性。光纤的最外层加上一层不同颜色的塑料套管，一方面起到保护作用，另一方面以颜色区分各种光纤。

2. 光纤导光的基本原理

光是一种电磁波，一般采用波动理论来分析导光的基本原理。然而根据光学理论指出：在尺寸远大于波长而折射率变化缓慢的空间，可以用"光线"即几何光学的方法来分析光波的传播现象，这对于光纤是完全适用的。为此，采用几何光学的方法来分析。

当光线射入一个端面并与圆柱的轴线成 θ_i 角时，在端面发生折射进入光纤后，又以 φ_i 角入射至纤芯与包层的界面，光线有一部分透射到包层，一部分反射回纤芯。但当入射角 θ_i 小于临界入射角 θ_c 时，光线就不会透射界面，而全部被反射，光在纤芯和包层的界面上反复逐次全反射，呈锯齿波形状在纤芯内向前传播，最后从光纤的另一端面射出，这就是光纤的传光原理（图 2.27）。

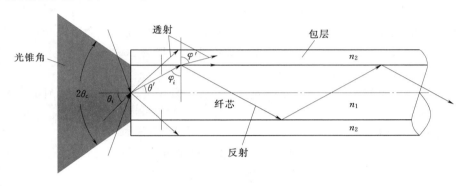

图 2.27 光纤的传光原理示意图

根据斯涅耳光的折射定律

$$n_0 \sin\theta_i = n_1 \sin\theta'$$
$$n_1 \sin\varphi_i = n_2 \sin\varphi' \tag{2.51}$$

式中 n_0——光纤外界介质的折射率。

若要在纤芯和包层的界面上发生全反射，则界面上的光线临界折射角 $\varphi_c = 90°$，即 $\varphi' \geqslant \varphi_c = 90°$。而

$$n_1 \sin\theta' = n_1 \sin\left(\frac{\pi}{2} - \varphi_i\right) = n_1 \cos\varphi_i = n_2 \sqrt{1 - \sin\varphi_i^2}$$
$$= n_1 \sqrt{1 - \left(\frac{n_2}{n_1}\sin\phi\right)^2} \tag{2.52}$$

当 $\varphi' = \varphi_c = 90°$ 时，有

$$n_1 \sin\theta' = \sqrt{n_1^2 - n_2^2} \tag{2.53}$$

所以，为满足光在光纤内的全内反射，光入射到光纤端面的入射角 θ_i 应满足：

$$\theta_i \leqslant \theta_c = \arcsin\left(\frac{1}{n_0}\sqrt{n_1^2 - n_2^2}\right) \tag{2.54}$$

一般光纤所处环境为空气，则 $n_0 = 1$，这样式（2.54）可表示为

$$\theta_i \leqslant \theta_c = \arcsin\sqrt{n_1^2 - n_2^2} \tag{2.55}$$

实际工作时需要光纤弯曲，但只要满足全反射条件，光线仍然继续前进。可见这里的光线"转弯"实际上是由光的全反射所形成的。

2.4.6.2 光纤基本特性

1. 数值孔径

数值孔径（numerical aperture，NA）定义为

$$NA = \sin\theta_c = \frac{1}{n_0}\sqrt{n_1^2 - n_2^2} \tag{2.56}$$

数值孔径是表征光纤集光本领的一个重要参数，即反映光纤接收光量的多少。其意义是：无论光源发射功率有多大，只有入射角处于 $2\theta_c$ 的光锥角内，光纤才能导光。如入射角过大，光线便从包层逸出而产生漏光。光纤的 NA 越大，表明它的集光能力越强，一般希望有大的数值孔径，这有利于提高耦合效率；但数值孔径过大，会造成光信号畸变。所以要适当选择数值孔径的数值，如石英光纤数值孔径一般为 0.2~0.4。

2. 光纤的分类

随着通信与传感技术的发展，光纤的发展很快，新型光纤不断涌现。目前，光纤一般可以分类如下：

（1）按制作材料分类。

1）高纯度石英玻璃光纤。这种材料损耗低，最小可以达到 0.5dB/km。

2）多组分玻璃光纤。损耗也很低，最低损耗为 3.4dB/km。

3）塑料光纤。

（2）按传输模分类。

1）单模光纤。单模光纤芯径只有几个微米，直径接近光波波长，加包层和涂覆层后也仅几十微米到 125μm。

2）多模光纤。多模光纤芯径为 50μm，直径远大于光波波长，加包层和涂覆层后 150μm。进一步又可以分为多模阶跃光纤、单模阶跃光纤和多模梯度光纤。

（3）按用途分类。

1）通信光纤。

2）非通信光纤。

（4）按制作方法分类。

1）化学气相沉积法（CVD）或改进化学气相沉积法（MCVD）。

2）双坩埚法或三坩埚法。

2.4.6.3 光纤的制作

光纤的制造要经历光纤预制棒制备、光纤拉丝等具体的工艺步骤。

1. 光纤预制棒制作

制备光纤预制棒两步法工艺：第一步采用气相沉积工艺生产光纤预制棒的芯棒；第二步是在气相沉积获得的芯棒上施加外包层制成大光纤预制棒。

国际上生产石英光纤预制棒的方法有十多种，其中普遍使用，并能制作出优质光纤的制棒方法主要有以下四种：

（1）改进的化学气相沉积法。

（2）棒外化学气相沉积法。

（3）气相轴向沉积法。

（4）等离子体激活化学气相沉积法。

2．光纤拉丝

预制棒通过送棒装置引入高温熔炉进行熔丝，在计算机的精确控制下，裸光纤以一定速度竖直拉制。拉制过程中，精确调整光纤预制棒的位置和拉丝速度，在光纤测径仪的监测下，拉制成直径稳定均匀的裸光纤。为保证光纤机械强度，对裸光纤进行两次涂覆并固化。裸光纤经过两次涂覆和固化后，再进行张力测量和长度测量，然后收盘保存。

2.4.6.4　光纤布拉格光栅传感器

光纤布拉格光栅（Fiber Bragg Grating，简称FBG）是在纤芯内形成的空间相位周期性分布的光栅，其作用的实质就是在纤芯内形成一个窄带的（透射或反射）滤波器或反射镜。利用这一特性可制造出许多性能独特的光纤器件。

1978年，加拿大Hill等人使用如图所示的实验装置将488nm的氩离子激光注入到掺锗光纤中，首次观察到入射光与反射光在光纤纤芯内形成的干涉条纹场而导致的纤芯折射率沿光纤轴向的周期性调制，从而发现了光纤的光敏特性，并制成了世界上第一个光纤布拉格光栅。

光纤光栅由均匀周期光纤布拉格光栅构成的，如图2.28所示，是直接在光纤纤芯中写入周期性的条纹。当宽带光源入射到光纤光栅时，只有满足Bragg条件的波长被反射，其他波长透射，一个2em的FBG是由大约2万个条纹构成的，所以它的Q值极高，也就是说反射带宽极窄，这样窄的波长特性用于传感就具有了非常大的优势。

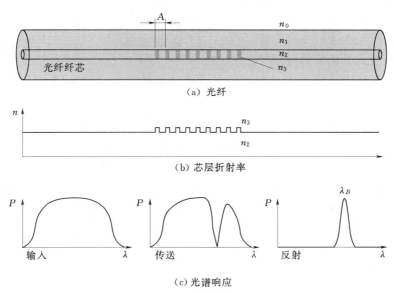

（a）光纤

（b）芯层折射率

（c）光谱响应

图 2.28　均匀周期光纤布拉格光栅结构及光谱特性示意图

光纤光栅传感的基本原理是：利用光纤光栅的平均折射率和栅格周期对外界参量的敏感特性，将外界参量的变化转化为其布拉格波长的移动，通过检测光栅波长移动实现对外界参量的测量。光纤光栅传感器除了具有普通光纤传感器的抗电磁干扰和原子辐射的性能，径细、质软、重量轻的机械性能，绝缘、无感应的电气性能，耐水、耐高温、耐腐蚀的化学性能等诸多优点外，还有一些明显优于光纤传感器的地方。其中最重要的就是它以波长调制作为传感信号，这一传感机制的好处如下：

（1）测量信号不受光源起伏、光纤弯曲损耗、连接损耗和探测器老化等因素的影响。

（2）避免了一般干涉型传感器中相位测量的不清晰和对固有参考点的需要。

（3）能方便地使用波分复用技术在一根光纤中串接多个光纤光栅进行分布式测量。

（4）光纤光栅很容易埋入材料中对其内部的应变和温度进行高分辨率和大范围地测量。

光纤光栅的布拉格波长对温度和应力敏感，而这两种信号的测量占目前传感测量研究的主要部分，因此光纤光栅传感技术的应用领域比较广泛。结合力学、测量与控制、自动化以及网络拓扑理论等学科，光纤光栅传感技术的研究已经涉及民用工程、军事、化工、医疗、电力等各个方面。

2.4.7 传感器的选择

传感器是测试系统中最为关键的部件，如何根据测试目的和具体的实际条件，正确合理地选择传感器，是在进行测量时首先要解决的问题。当传感器确定以后，与其相配套的测量方法和测试设备就可以确定了。

传感器选择应遵循的一般原则如下：

（1）根据测试对象、实际条件、测试方式确定传感器的类型。

（2）传感器的灵敏度和精确度应该满足测试的要求。

（3）传感器的频率响应特性应该满足测试的要求。

（4）传感器在线性范围内工作。

（5）传感器具有良好的稳定性。

（6）传感器除满足技术要求外，应尽可能满足体积小、质量轻、结构简单、价格便宜、易于维修、易于更换、便于携带、通用化和标准化等条件。

2.4.8 传感器的标定

传感器的标定，就是通过试验建立传感器输入量与输出量之间的关系，即求取传感器的输出特性曲线（又称标定曲线）。由于传感器在制造上的误差，即使仪器相同，其标定曲线也不尽相同。因此，传感器必须在使用前进行标定。另外，经过一段时间的使用后应对传感器进行复测，这种再次标定可以检测传感器的基本性能是否发生变化，判断其是否可以继续使用。对可以继续使用的传感器，若某些指标（如灵敏度）发生了变化，应通过再次标定对原数据进行修正或校准。传感器的标定工作应由具有相应资质的计量部门按照有关规范完成，并对使用单位出具相应的标定结果证明。

思考题

1. 测试系统的基本组成是什么？

2. 测试系统的选择原则有些什么？

3. 什么是传感器？它由哪几个部分组成？分别起到什么作用？

4. 什么是应变效应？什么是压阻效应？什么是横向效应？

5. 试阐述金属应变片与半导体应变片的相同和不同之处。

6. 电容传感器和电感传感器有什么区别？

7. 选择传感器的时候，要考虑一些什么因素？

第3章 基坑工程监测技术

随着经济建设的发展和人民生活水平的提高，近年来我国的各类建筑、交通与市政工程得到了飞速发展。多层建筑及高层建筑的地下室、地下车库、大型桥梁建设、地铁车站等工程施工，都会面临基坑工程。表3.1为国内部分深大基坑工程基本情况表。

表 3.1 国内部分深大基坑工程情况

工程名称	基坑平面	基坑深度	围护结构形式
上海金茂大厦基础工程	2 万 m²（开挖面积）	−19.65m（最大开挖深度）	地下连续墙（1m 厚）钢筋混凝土桁架支撑
上海恒隆广场基础工程	2.5 万 m²（开挖面积）	−18.20m（最大开挖深度）	地下连续墙（1m，0.8m 厚）钢筋混凝土支撑与钢管支撑结合
上海万象国际广场基础工程	7680m²（开挖面积）	−20.15m（最大开挖深度）	地下连续墙（1.2m，1m 厚）钢筋混凝土桁架支撑
上海地铁徐家汇站	60.6m×22.3m	−19.00m（最大开挖深度）	地下连续墙（0.8m 厚）与内衬（0.35m 厚）复合结构
江阴长江公路大桥北锚碇基础工程	69m×51m	−58m（沉井下沉深度）	大型沉井（壁厚 2m）
润扬长江公路大桥南汊悬索桥北锚碇基础工程	69m×50m	−48m（最大开挖深度）	地下连续墙（1.2m 厚）钢筋混凝土桁架支撑

基坑工程是岩土力学与基础工程中一个古老的传统课题，同时又是一个综合性的岩土工程问题，既涉及土力学中典型的强度、变形与渗流问题，同时还涉及土与支护结构的共同作用问题。目前基坑工程具有以下特点：①建筑趋向高层化，基坑向深大发向发展；②基坑开挖面积大，长度与宽度有的达数百米，工程规模日益增大，给支撑系统带来较大的难度；③在软弱的土层中，基坑开挖会产生较大的位移和沉降，对周围建筑物、市政设施和地下管线造成影响，因此对深基坑稳定和位移控制的要求很严；④在相邻场地的施工中，打桩、降水、挖土及基础浇筑混凝土等工序会相互制约与影响，增加协调工作的难度；⑤岩土性质千变万化，地质埋藏条件和水文地质条件的复杂和不均匀性，造成勘察所得的数据离散性很大，难以代表土层的总体情况，并且精度较低，给深基坑工程的设计和施工增加了难度；⑥深基坑工程施工周期长、场地狭窄，从开挖到完成地面以下的全部隐蔽工程，常需要经历多次降雨、周边堆载、振动、施工不当等许多不利条件，事故的发生往往具有突发性。

近年来，基坑工程信息化施工受到了越来越广泛的重视。为保证工程安全顺利地进行，在基坑开挖及结构构筑期间开展严密的施工监测是很有必要的，因为监测数据可以称为工程的"体检报告单"，不论是安全还是隐患状态都会在数据上有所反映。从某种意义上施工监测也可以说是一次 1∶1 的岩土工程原位模型试验，所取得的数据是基坑支护结构和周围地层在施工过程中的真实反映，是各种复杂因素影响下的综合体现。因此，住建部和各城市地区相继颁布实施了各种专门的基坑工程监测规范，如国家标准《建筑基坑工程监测技术规范》（GB 50497—2009）、上海市工程建设规范《基坑工程施工监测规程》、《杭州市地铁深基坑工程监测管理规定》、《天津市深基坑工程勘察设计监测管理办法》等。

3.1 基坑工程监测目的和意义

基坑工程监测的主要目的和意义如下：

（1）使参建各方能够完全客观真实地把握工程质量，掌握工程各部分的关键性指标，确保工程安全。

（2）在施工过程中通过实测数据检验工程设计所采取的各种假设和参数的正确性，及时改进施工技术或调整设计参数以取得良好的工程效果。

（3）对可能发生危及基坑工程本体和周围环境安全的隐患进行及时、准确的预报，确保基坑结构和相邻环境的安全。

（4）积累工程经验，为提高基坑工程的设计和施工整体水平提供基础数据支持。

3.2 基坑工程监测原则和方案

3.2.1 监测原则

开挖深度大于等于 5m 或开挖深度小于 5m 但现场地质情况和周围环境较复杂的基坑工程以及其他需要监测的基坑工程应实施基坑工程监测。基坑工程监测是一项涉及多门学科的工作，其技术要求较高，基本原则如下：

（1）监测数据必须是可靠真实的，数据的可靠性由测试元件安装或埋设的可靠性、监测仪器的精度以及监测人员的素质来保证。监测数据真实性要求所有数据必须以原始记录为依据，任何人不得篡改、删除原始记录。

（2）监测数据必须是及时的，监测数据需在现场及时计算处理，发现有问题可及时复测，做到当天测、当天反馈。

（3）埋设于土层或结构中的监测元件应尽量减少对结构正常受力的影响，埋设监测元件时应注意与岩土介质的匹配。

（4）对所有监测项目，应按照工程具体情况预先设定预警值和报警制度，预警体系包括变形或内力累积值及其变化速率。

（5）应及时整理完整的监测记录表、数据报表、形象的图表和曲线，监测结束后整理出监测报告。

3.2.2 监测方案

1. 监测方案的制定步骤

制定监测方案是基坑工程施工监测的首要工作，监测方案的合理性直接影响到监测结果的可靠性。监测方案的制定应遵循的一般步骤如下：

（1）收集和阅读有关场地地质条件、结构构造物和周围环境的有关资料，包括地质报告、围护结构设计图纸、主体结构桩基与地下室图纸、综合管线图、基础部分施工组织设计等。

（2）分析设计方提出的基坑工程监测技术要求，主要包括监测项目、监测点位置、监测频率和监测报警值等。

（3）现场踏勘，重点掌握地下管线走向与围护结构的对应关系，以及相邻建（构）筑物状况。

（4）拟定监测方案初稿，提交给工程建设单位等讨论审定。监测方案应经建设、设计、监理等单位认可，必要时还需与市政道路、地下管线、人防等有关部门协商一致后方可实施。

（5）监测方案在实施过程中应根据实际施工情况适当予以调整和充实，但大的原则一般不能更改。

2. 监测方案的内容

监测方案根据不同需要会有不同内容，一般包括工程概况、建设场地岩土工程条件及基坑周边环境状况；监测目的和依据；监测内容及项目；基准点、监测点的布设与防护；监测方法及精度；监测期和监测频率；监测报警及异常情况下的监测措施；监测数据处理与信息反馈；监测人员的配备；监测仪器设备及检定要求；作业安全及其他管理制度等内容。

对下列基坑工程的监测方案，还应组织专家进行专门论证：

（1）地质和环境条件复杂的基坑工程。

（2）邻近重要建筑和管线，以及历史文物、优秀近现代建筑、地铁、隧道等破坏后果很严重的基坑工程。

（3）已发生严重事故，重新组织施工的基坑工程。

（4）采用新技术、新工艺、新材料、新设备的一、二级基坑工程。

（5）其他需要论证的基坑工程。

3.3　监测项目与监测点的布置

3.3.1　监测项目

基坑工程的现场监测应采用仪器监测与巡视检查相结合的方法进行。基坑监测的内容分为两大部分，即基坑本体监测和相邻环境监测。基坑本体中包括围护桩墙、支撑、锚杆、土钉、坑内立柱、坑内土层、地下水等；相邻环境中包括周围地层、地下管线、相邻建筑物、相邻道路等。基坑工程的监测项目应与基坑工程设计、施工方案相匹配。应针对监测对象的关键部位，做到重点观测、项目配套并形成有效的、完整的监测系统。

根据国家标准《建筑基坑工程监测技术规范》（GB 50497—2009）的规定，基坑工程仪器监测的项目应根据表 3.2 进行选择。

表 3.2　　　　　　　　　　　　　建筑基坑工程仪器监测项目表

监测项目　　　　　　　　　　　　　基坑类别		一级	二级	三级
围护墙（边坡）顶部水平位移		应测	应测	应测
围护墙（边坡）顶部竖向位移		应测	应测	应测
深层水平位移		应测	应测	宜测
立柱竖向位移		应测	宜测	宜测
围护墙内力		宜测	可测	可测
支撑内力		应测	宜测	可测
立柱内力		可测	可测	可测
锚杆内力		应测	宜测	可测
土钉内力		宜测	可测	可测
坑底隆起（回弹）		宜测	可测	可测
围护墙侧向土压力		宜测	可测	可测
孔隙水压力		宜测	可测	可测
地下水位		应测	应测	应测
土体分层竖向位移		宜测	可测	可测
周边地表竖向位移		应测	应测	宜测
周边建筑	竖向位移	应测	应测	应测
	倾斜	应测	宜测	可测
	水平位移	应测	宜测	可测
周边建筑、地表裂缝		应测	应测	应测
周边管线变形		应测	应测	应测

注　基坑类别的划分按照现行国家标准《建筑地基基础工程施工质量验收规范》（GB 50202—2002）执行。

基坑工程施工和使用期内还应对基坑本身和相邻环境进行巡视检查。巡视检查宜以目测为主，可辅以锤、钎、量尺、放大镜等工器具以及摄像、摄影等设备进行。对自然条件、支护结构、施工工况、周边环境、监测设施等的巡视检查情况应做好记录，检查记录应及时整理，并与仪器监测数据进行综合分析。当巡视检查发现异常情况时，应及时通知相关各方。基坑工程巡视检查宜包括以下项目：

（1）支护结构。支护结构成型质量；冠梁、支撑、围檩有无裂缝出现；支撑、立柱有无较大变形；止水帷幕有无开裂、渗漏；墙后土体有无裂缝、沉陷及滑移；基坑有无涌土、流沙、管涌。

（2）施工工况。开挖后暴露的土质情况与岩土勘察报告有无差异；基坑开挖分段长度、分层厚度及支锚设置是否与设计要求一致；场地地表水、地下水的排放状况是否正常，基坑降水、回灌设施是否运转正常；基坑周边地面有无超载。

（3）周边环境。周边管道有无破损、泄露情况、周边建筑有无新增裂缝出现；周边道路有无裂缝、沉陷；邻近基坑及建筑物的施工变化情况。

（4）监测设施。基准点、监测点完好情况；监测元件的完好及保护情况；有无影响观测工作的障碍物。

3.3.2　监测点布置

基坑工程监测点可分为基坑及支护结构和周围环境监测点两大类。基坑工程监测点的布置应根据具体情况合理安排。下面介绍两类监测点布置的一般原则。

1. 基坑及支护结构监测点布置原则

（1）基坑边坡顶部的水平位移和竖向位移监测点要设置在基坑边坡坡顶上，沿基坑周边布置，基坑各边中部、阳角处应布置监测点。围护墙顶部的水平位移和竖向位移监测点要设置在冠梁上，沿围护墙的周边布置，围护墙周边中部、阳角处应布置监测点。上述监测点间距不宜大于 20m，每边监测点数目不少于 3 个。

（2）深层水平位移监测孔应布置在基坑边坡、围护墙周边的中心处及代表性的部位，数量和间距视具体情况而定，但每处至少应设 1 个监测孔。当用测斜仪观测深层水平位移时，设置在围护墙内的测斜管深度要与围护墙的入土深度一致；设置在土体内的测斜管应保证有足够的入土深度，保证管端嵌入稳定的土体中。

（3）围护墙内力监测点应布置在受力、变形较大且有代表性的部位，监测点数量和横向间距视具体情况而定，但每边至少应设 1 处监测点。竖直方向监测点应布置在弯矩较大处，监测点间距应为 2～4m。

（4）支撑内力监测点应设置在支撑内力较大或在整个支撑系统中起关键作用的杆件上；每道支撑的内力监测点应不少于 3 个，各道支撑的监测点位置宜在竖向保持一致；钢支撑的监测截面根据测试仪器宜布置在支撑长度的 1/3 部位或支撑的端头。钢筋混凝土支撑的监测截面宜布置在支撑长度的 1/3 部位；每个监测点截面内传感器的设置数量及布置应满足不同传感器测试要求。

（5）立柱竖向位移的监测点宜布置在基坑中部、多根支撑交会处、施工栈桥下、地质条件复杂处的立柱上，监测点不宜少于立柱总数的 5%，逆作法施工的基坑不宜少于10%，且应不少于 3 根。

（6）锚杆（索）的拉力监测点应选择在受力较大且有代表性的位置，基坑每边跨中部位和地质条件复杂的区域宜布置监测点。每根杆体上的测试点应设置在锚头附近位置。每层锚杆（索）的拉力监测点数量应为该层锚杆总数的 1%～3%，并应不少于 3 根。每层监测点在竖向上的位置应保持一致。

（7）土钉的拉力监测点应沿基坑周边布置，基坑周边中部、阳角处宜布置监测点。监测点水平间距不宜大于 30m，每层监测点数目不应少于 3 个。各层监测点在竖向上的位置宜保持一致。土钉杆体上的监测点应设置在受力、变形有代表性的位置。

（8）基坑底部隆起监测点一般按纵向或横向剖面布置，剖面应选择在基坑的中央、距坑底边约 1/4 坑底宽度处以及其他能反映变形特征的位置，数量应不少于 2 个。纵向或横向有多个监测剖面时，其间距宜为 20～50m，同一剖面上的监测点横向间距宜为 10～30m，数量不少于 3 个。

（9）围护墙侧向土压力监测点应布置在受力、土质条件变化较大或有代表性的部位；土压力盒应紧贴围护墙布置，宜预设在围护墙的迎土面一侧。平面布置上基坑每边不少于

2 个测点。在竖向布置上，测点间距宜为 2~5m，测点下部宜密；当按土层分布情况布设时，每层应至少布设 1 个测点，且布置在各层土的中部。

（10）孔隙水压力监测点要布置在基坑受力、变形较大或有代表性的部位。监测点竖向布置宜在水压力变化影响深度范围内按土层分部情况布设，监测点竖向间距一般为 2~5m，并不少于 3 个。

（11）基坑内地下水位监测点布置：当采用深井降水时，水位监测点宜布置在基坑中央和两相邻降水井的中间部位；当采用轻型井点、喷射井点降水时，水位监测点宜布置在基坑中央和周边拐角处，监测点数量视具体情况而定；水位监测管的埋置深度应在最低设计水位之下 3~5m。对于需要降低承压水水位的基坑工程，水位监测管埋置深度应满足降水设计要求。

（12）基坑外地下水位监测点应沿基坑周边、被保护对象周边或在两者之间布置，监测点间距宜为 20~50m。相邻建（构）筑物、重要的地下管线或管线密集处应布置水位监测点；如果有止水帷幕，宜布置在止水帷幕的外侧约 2m 处。水位监测管的埋置深度应控制在地下水位置下 3~5m。对于需要降低承压水水位的基坑工程，水位监测管埋置深度应满足降水设计要求。回灌井点观测井应设置在回灌井与被保护对象之间。

2. 周边环境监测点布置原则

（1）从基坑边沿以外 1~3 倍开挖深度范围内需要保护的建（构）筑物、地下管线等均应作为监控对象。必要时，应扩大监控范围。

（2）对位于地铁、上游引水、河流污水等重要保护对象安全保护区范围内的监测点的布置，应满足相关部门的技术要求。

（3）建（构）筑物的竖向位移监测点布置应符合以下要求：

1）监测点布置在建（构）筑物四角、沿外墙每 10~15m 处或每隔 2~3 根柱基上，且每边不少于 3 个。

2）监测点布置在不同地基或基础的分界处，建（构）筑物不同结构的分界处，变形缝、抗震缝或严重开裂处的两侧。

3）监测点布置在新、旧建筑物或高、低建筑物交接处的两侧，烟囱、水塔和大型储藏罐等高耸构筑物基础轴线的对称部位，每一构筑物不少于 4 个。

（4）建（构）筑物的水平位移监测点应布置在建筑物的墙角、柱基及裂缝的两端，每侧墙体的监测点不少于 3 个。

（5）建（构）筑物倾斜监测点要符合以下 3 点要求：

1）监测点宜布置在建（构）筑物角点、变形缝或抗震缝两侧的承重柱或墙上。

2）监测点应沿主体顶部、底部对应布设，上、下监测点应布置在同一竖直线上。

3）当采用铅垂观测法、激光铅直仪观测法时，应保证上、下测点之间具有一定的通视条件。

（6）建（构）筑物的裂缝监测点应选择有代表性的裂缝进行布置，在基坑施工期间发现新裂缝或原有裂缝有增大趋势时，应及时增设监测点。每一条裂缝的测点至少设 2 组，即裂缝的最宽处及裂缝末端宜设置监测点。

（7）地下管线监测点的布置应符合以下 4 点要求：

1）应根据管线年份、类型、材料、尺寸及现状等情况，确定监测点设置。

2）监测点宜布置在管线的节点、转角点和变形曲率较大的部位，监测点平面间距宜为 15～25m，并宜延伸至基坑边沿以外 1～3 倍基坑开挖深度范围内的管线。

3）上水管、煤气管、暖气管等压力管线宜设置直接监测点。直接监测点可设置在管线上，也可利用阀门开关、抽气孔以及检查井等管线设备作为监测点。

4）在无法埋设直接监测点的部位，可用埋设套管法设置监测点，也可采用模拟式测点将监测点设置在靠近管线埋深部位的土体中。

（8）基坑周边地表竖向沉降监测点的布置范围应为基坑深度的 1～3 倍，监测剖面宜设在坑边中部或其他有代表性的部位，并与坑边垂直，监测剖面数量视具体情况而定。每个监测剖面上的监测点数量不宜少于 5 个。

（9）土体分层竖向位移监测孔应布置在有代表性的部位，形成监测剖面，数量视具体情况而定。同一监测孔的测点宜沿竖向布置在各土层内，数量与深度应根据具体情况确定，在厚度较大的土层中应适当加密。

3.4　基坑工程监测方法及仪器

监测方法的选择应根据基坑等级、精度要求、设计要求、场地条件、地区经验和方法适用性等因素综合确定，监测方法应合理易行。以下分别介绍基坑工程中各个项目的监测方法。

3.4.1　水平位移监测

1. 测量仪器

水平位移监测的仪器有 GPS（图 3.1）、全站仪、水准仪等设备。

图 3.1　GPS 测量系统

2. 基准点的埋设

水平位移监测基准点应埋设在基坑开挖深度 3 倍范围内以外不受施工影响的稳定区域，或利用已有稳定的施工控制点，不应埋设在低洼积水、湿陷、冻胀、涨缩等影响范围内；基准点的埋设应按有关测量规范、规程执行；宜设置有强制对中的观测墩；采用精密的光学对中装置，对中误差不宜大于 0.5mm。

3. 测量方法

特定方向的水平位移监测可采用视准线法、小角度法、投点法等方法。测定监测点任意方向的水平位移时可视监测点的分布情况，采用前方交会法、自由设站法、极坐标法等方法。当基准点距基坑较远时，可采用 GPS 测量法或三角、三边、边角测量与基准线法相结合的综合测量方法。

基坑围护墙（边坡）顶部、基坑周边管线、临近建筑水平位移监测精度应根据其水平位移报警值按表 3.3 确定。

表 3.3 水平位移监测精度要求

水平位移报警值	累计值 D/mm	$D<20$	$20 \leqslant D < 40$	$40 \leqslant D \leqslant 60$	$D>60$
	变化速率 v_D/(mm/d)	$v_D<2$	$2 \leqslant v_D < 4$	$4 \leqslant v_D \leqslant 6$	$v_D>6$
监测点坐标中误差/mm		$\leqslant 0.3$	$\leqslant 1.0$	$\leqslant 1.5$	$\leqslant 3.0$

注 1. 监测点坐标中误差,是指监测点相对测站点(如工作基站等)的坐标中误差,为点位中误差的 $1/\sqrt{2}$。

2. 当根据累计值和变化率选择的精度要求不一致时,水平位移监测精度优先按变化速率报警值的要求确定。

3.4.2 竖向位移监测

1. 测量仪器

竖向位移监测的仪器有全站仪 [图 3.2 (a)]、水准仪 [图 3.2 (b)] 等设备。

(a) 全站仪　　　　　　　(b) 水准仪

图 3.2 全站仪和水准仪

2. 测量方法

竖向位移监测可采用几何水准或液体静力水准等方法。坑底隆起(回弹)宜通过设置回弹监测点,采用几何水准并配合传递高程的辅助设备进行监测,传递高程的金属杆或钢尺等应进行温度、尺长和拉力等的修正。

围护墙(边坡)顶部、立柱、基坑周边地表、管线和邻近建筑物的竖向位移监测精度应根据其位移报警值按表 3.4 确定。

表 3.4 竖向位移监测精度要求

竖向位移报警值	累计值 S/mm	$S<20$	$20 \leqslant S < 40$	$40 \leqslant S \leqslant 60$	$S>60$
	变化速率 v_S/(mm/d)	$v_S<2$	$2 \leqslant v_S < 4$	$4 \leqslant v_S \leqslant 6$	$v_S>6$
监测点测站高差中误差/mm		$\leqslant 0.15$	$\leqslant 0.3$	$\leqslant 0.5$	$\leqslant 1.5$

注 监测点测站高差中误差是指相应精度与视距的几何水准测量单程一测站的高差中误差。

坑底隆起(回弹)监测的精度应符合表 3.5 的要求。

表 3.5 坑底隆起(回弹)监测的精度要求　　　　　单位:mm

坑底回弹(隆起)报警值	$\leqslant 40$	$40 \sim 60$	$60 \sim 80$
监测点测站高差中误差	$\leqslant 1.0$	$\leqslant 2.0$	$\leqslant 3.0$

3.4.3　深层水平位移监测

深层水平位移指基坑围护桩墙和土体在不同深度上的水平位移，通常简称测斜。

1. 测试仪器

深层水平位移通过预埋测斜管、采用测斜仪进行观测。测斜仪可分为固定式和活动式两种，基坑监测中常采用活动式。测斜仪和测斜管如图 3.3 所示。

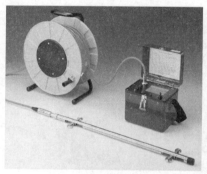
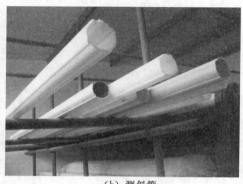

（a）测斜仪　　　　　　　　　　　　　　　　　（b）测斜管

图 3.3　测斜仪

2. 测斜管的埋设原则与方法

监测深层水平位移时，首先要埋设测斜管。测斜管宜采用 PVC 工程塑料或铝合金管，直径宜为 45～90mm，管内应有两组相互垂直的纵向导槽。测斜管埋设的原则如下：

（1）测斜管应在基坑开挖 1 周前埋设，埋设前应检查测斜管质量，测斜管连接时应保证上、下管段的导槽相互对准顺畅，接头处应密封处理，并注意保证管口的封盖。

（2）测斜管长度应与围护墙深度一致或不小于所监测土层的深度；当以下部管端作为位移基准点时，应保证测斜管进入稳定土层 2～3m。

（3）测斜管与钻孔之间孔隙应填充密实；埋设时测斜管应保持竖直无扭转，其中一组导槽方向应与所需测量的方向一致。

测斜管埋设的三种方法如下：

（1）钻孔埋设，主要用于土层深层挠曲测试。首先在土层中预钻孔，孔径略大于所选用测斜管的外径，然后将在地面连接好的测斜管放入钻孔内，随后在测斜管与钻孔之间的空隙内回填细砂或水泥和黏土拌和的材料，配合比取决于土层的物理力学性能和水文地质情况。与下述各埋设方式相同，埋设就位的测斜管必须保证有一对凹槽与基坑边缘相垂直。

（2）绑扎埋设，主要用于混凝土灌注桩体和墙体深层挠曲测试。在混凝土浇筑前，通过直接绑扎或设置抱箍将测斜管固定在桩或者墙体钢筋笼上。需要指出的是，为防止地下水的浮力和液态混凝土的冲力作用，测斜管的绑扎和固定必须十分牢固，否则很容易与钢筋笼相脱离，导致测斜管安装失败。当需要的测斜管较长，需要进行测斜管管段连接时，必须将上、下管端的滑槽严格对准，保证测量质量。

（3）预制埋设，主要用于打入式预制排桩水平位移测试。采取预埋测斜管的方法时，应该对桩端进行局部保护处理，以避免桩锤锤击时对测斜管的损害。由于该方法在打桩过程中容易损坏测斜管，一般仅用于开挖深度较浅、排桩长度不大的基坑工程。

3. 测试方法

用测斜仪进行深部水平位移监测时，测斜仪应下入测斜管底 5～10min，待探头接近管内温度后再量测，每个监测方向均应进行正、反两次量测。当以上部管口作为深层水平位移相对基准点时，每次监测均应测定孔口坐标的变化。测斜仪的精度应不小于表 3.6 的规定。

表 3.6 测 斜 仪 精 度

基坑等级	一级	二级和三级
系统精度/(mm/m)	0.10	0.25
分辨率/(mm/500mm)	0.02	0.02

4. 测试原理

基坑深层水平位移监测时，一般只考虑垂直于围护体的方向，即 $X+$、$X-$ 方向，连续测二次作为一测回。每点水平偏移量是通过计算上部滑轮组相对于下部滑轮组所产生的倾角 (θ) 乘以观测读数间距 (L) 和相应的系数得到。总水平偏移量是将每点的水平偏移量进行累加获到，该偏移曲线为一条连续的曲线，也就是说只要确定了一个基准点，整条曲线的位置就能确定下来。测斜仪工作原理如图 3.4 所示。

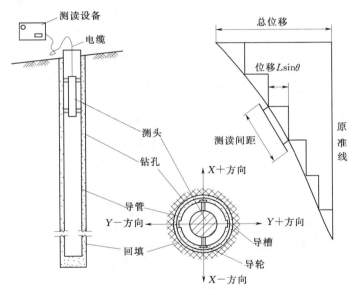

图 3.4　测斜仪工作原理示意图

深层水平位移计算时应确定固定起算点，起算点可设在测斜管的顶部或底部。当采用测斜管的顶部作为起算点时，应采用光学仪器测得测斜孔口水平位移。如测斜管进入较深的稳定土层内，可以将测斜管的底部作为固定起算点。

如将测斜管的底部作为固定起算点，则第 n 个测段相对于起算点的水平位移 ΔX_n 为

$$\Delta X_n = X_n - X_{n0} = \sum_{i=1}^{n} L \times (\sin\theta_i - \sin\theta_{i0}) \tag{3.1}$$

式中　ΔX_n——从管底往上第 n 个测量段处的水平位移值，mm；

　　　X_n——n 深度的本次检测值，mm；

　　　X_{n0}——n 深度的初始检测值，mm；

　　　L——管底至测点处的各测量段长度，mm；

　　　θ_i——从管底往上第 i 个测段处本次测试倾角值；

　　　θ_{i0}——从管底往上第 i 个测段处初次测试倾角值。

n 深度的本次检测值可按下式计算：

$$X_n = \sum_{i=0}^{n} L\sin\theta_i = C\sum_{i=0}^{n}(A_0 - A_{180}) \tag{3.2}$$

式中　A_0——仪器在 0°方向的读数；

　　　A_{180}——仪器在 180°方向的读数；

　　　C——探头的标定系数。

每个测点测斜管埋设稳定后取 3 次测回观测的平均值作为该测点的初始值。

如将测斜管的顶部作为固定起算点，测试时，测斜管管顶位移使用经纬仪或全站仪布网进行测定。管内由测斜探头滑轮沿测斜导槽逐渐下放至管底，自上而下每隔 0.5m 测定该点的偏移角，然后将探头旋转 180°（A_0、A_{180}），在同一导槽内再测量一次，合起来为一个测回。由此通过叠加推算各点的位移值。第 n 个测段相对于起算点的水平位移 ΔX_n 为

$$\Delta X_n = \Delta X_0 + \sum_{i=1}^{n} L \times (\sin\theta_i - \sin\theta_{i0}) \tag{3.3}$$

式中　ΔX_n——从管口下第 n 个测量段处的水平位移值，mm；

　　　L——管口至测点处的各测量段长度，mm；

　　　θ_i——从管口下第 i 个测段处本次测试倾角值；

　　　θ_{i0}——从管口下第 i 个测段处初次测试倾角值；

　　　ΔX_0——实测管口水平位移。

5. 计算实例

某基坑围护体内测斜管长度 11m，在监测时以管底为起始点，从下往上测读，测段长度 0.5m，每测段相对水平偏移量计算式为 $\delta_i = (A_0 - A_{180})/2$。5m 以上某两次的测试数据列于表 3.7，计算该两次 5m 以上不同深度水平位移变化量 ΔX_n。

表 3.7　　　　　　　　　　　　深层水平位移计算

测段序号	深度/m	第一次测试值		δ_{1i}/mm	X_{1n}/mm	第二次测试值		δ_{2i}/mm	X_{2n}/mm	ΔX_n/mm
		A_0	A_{180}			A_0	A_{180}			
	0				0.00				0.00	0.00
1	−0.5	318.2	309.1	4.55	−4.55	357.1	350.6	3.25	−3.25	1.30
2	−1.0	318.6	308.4	5.10	−9.65	356.5	350.3	3.05	−6.30	3.35
3	−1.5	317.8	309.5	4.15	−13.80	354.2	351	1.60	−7.90	5.90
4	−2.0	315.5	311.5	2.00	−15.80	351.8	353.1	−0.65	−7.25	8.55

测段序号	深度/m	第一次测试值		δ_{1i}/mm	X_{1n}/mm	第二次测试值		δ_{2i}/mm	X_{2n}/mm	ΔX_n/mm
		A_0	A_{180}			A_0	A_{180}			
5	-2.5	313.2	313.8	-0.30	-15.50	352.0	355.3	-1.65	-5.60	9.90
6	-3.0	314.1	313.3	0.40	-15.90	355.4	354.6	0.40	-6.00	9.90
7	-3.5	316.9	310.4	3.25	-19.15	355.9	351.5	2.20	-8.20	10.95
8	-4.0	317.2	310.1	3.55	-22.70	356.4	351.1	2.65	-10.85	11.85
9	-4.5	317.8	309.5	4.15	-26.85	356.1	349.8	3.15	-14.00	12.85
10	-5.0	318.5	308.8	4.85	-31.70	356.9	349.2	3.85	-17.85	13.85

3.4.4　墙体和桩体的内力监测

1. 测量仪器

墙体和桩体的内力监测常采用钢筋应力计和频率仪（图3.5）进行监测。

（a）钢筋应力计

（b）频率仪

图3.5　钢筋应力计和频率仪

2. 测量方法

测量墙体和桩体的内力时，需先将钢筋应力计串联到主筋上（图3.6），钢筋应力计的安装可以采用焊接连接或者螺栓连接。测量墙体和桩体浇筑完成后，采用频率仪采集数据。围护墙、桩及围檩等的内力监测元件宜在相应工序施工时埋设并在开挖前取得稳定初始值。应力计和应变计的量程宜为最大设计值的2倍。

图3.6　钢筋应力计安装

3.4.5　锚杆（索）拉力监测

1. 测量仪器

锚杆（索）拉力量测采用专用的锚杆（索）测力计进行，如图3.7所示。

2. 测量方法

测量时，需要将锚杆（索）轴力计安装在锚杆（索）的外露端（图3.8）。在基坑施工过程中，采集数据。轴力计、钢筋应力计和应变计的量程宜为设计最大拉力值的2倍。应力计或应变计应在锚杆锁定前获得稳定初始值。

图3.7　锚杆（索）测力计　　　　　　　图3.8　锚索轴力计安装

3.4.6　水平支撑内力监测

1. 测量仪器

基坑工程中水平支撑主要有钢筋混凝土支撑和钢支撑（包含H型钢支撑和钢管支撑两种）两类。由于H型钢、钢管等钢支撑可以反复利用，已经标准化，因此，现在的深基坑水平支撑一般都使用H型钢、钢管等钢支撑。

对于钢筋混凝土支撑来说，一般用钢筋应力计或混凝土应变计［图3.9（a）］进行内力监测。而表面应变计［图3.9（b）］或者轴力计（又叫反力计）（图3.11）用于钢支撑内力监测。

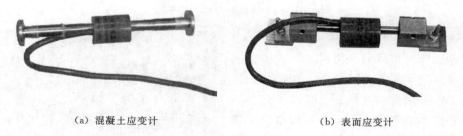

（a）混凝土应变计　　　　　　　　　（b）表面应变计

图3.9　应变计

水平支撑结构内力测量使用的应力计或应变计的量程宜为最大设计值的2倍。应力计或应变计应在相应工序施工时埋设并在开挖前取得稳定初始值。

2. 测量仪器的安装方法

对于钢筋混凝土支撑来说，根据测量仪器的不同采用不同的安装方法。采用钢筋应力计测试时，钢筋应力计要事先埋设在支撑截面的中心部位，将钢筋应力计电焊在支撑的钢筋上，电焊长度大于10倍钢筋直径，电焊要平整、充实。采用应变计测试时，混凝土应变计应直接安放在混凝土支撑断面的中心部位，要求混凝土应变计长轴与支撑长轴平行，以免混凝土浇捣损坏混凝土应变计，如图 3.10 所示。

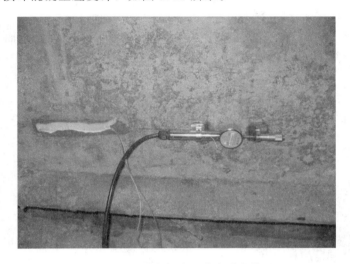

图 3.10 混凝土表面应变计安装

对于钢支撑来说，也是根据测量仪器的不同采用不同的安装方法。采用轴力计（反力计）测试时，将轴力计（反力计）安放在圆形钢筒内，一端与钢支撑的牛腿、钢板焊在一起，另一端与钢板一起顶在围护墙体上，电焊时注意支撑中心轴线与轴力计（反力计）中心对齐，如图 3.11 所示。采用表面应变计测试时，将表面应变计架座焊在钢支撑的表面，应变计长轴与支撑方向基本一致，调节表面应变计频率至居中状态，稳定后测试频率值。

图 3.11 钢支撑轴力计安装

3. 测量方法

在进行水平支撑内力测量时，首先要确定初始频率。对于钢筋应力计和混凝土应变计来说，当混凝土支撑的混凝土强度达到设计值标准，支撑尚未悬空受力时，传感器的频率测试值为初始频率。对于表面应变计来说，表面应变计安装完毕，调试频率值居中并稳定后的频率值为初始频率。对于轴力计（反力计）来说，安装前传感器不受力状态下的频率测试值为初始频率。对基坑施工过程进行测量时，振弦式频率接收仪测试传感器的频率作为本次频率测试值。

对于 H 型钢、钢管等钢支撑的基坑工程，可通过串联安装相同断面尺寸轴力计的方法来观测支撑轴力的变化，这些压力传感器体积大、压力高，运到现场安装后，即可直接测读。

钢支撑的内力监测值受温度影响较大，在测量时应尽量选择每天的同一时间段进行测量，这样的测量结果会更具有可比性。

图 3.12　水位计

3.4.7　地下水位监测

1. 测量仪器

地下水位监测宜通过孔内设置水位管，采用水位计（图 3.12）等方法进行测量。

2. 测量方法

潜水水位管应在基坑施工前埋设，滤管长度应满足测量要求；承压水位监测时被测含水层与其他含水层之间应采取有效的隔水措施。检验降水效果的水位观测井宜布置在降水区内，采用轻型井点管降水时可布置在总管的两侧，采用深井降水时应布置在两孔深井之间，水位孔深度宜在最低设计水位下 2～3m。水位管埋设后，应逐日连续观测水位井并取得稳定初始值。地下水位监测精度不宜低于 10mm。

3.4.8　土压力监测

1. 测量仪器

土压力监测采用土压力传感器进行测量，常用的土压力传感器有钢弦式和电阻式两大类。工作中主要使用耐久性较好且可适应复杂环境的钢弦式土压力传感器（图 3.13）。土压力计的量程应满足被测压力的要求，其上限可取最大设计压力的 2 倍。

2. 测量方法

土压力计埋设可采用钻孔埋入法或挂布法，埋设过程中应做好完整的埋设记录。埋设时，土压力计的受力面与所需监测的压力方向垂直并紧贴被监测对象，埋设过程中应有土压力膜保护措施，采用钻孔法埋设时，回填应均匀密实，且回填材料宜与周围岩土体一致。土压力计埋设后应立即进行检查测试。基坑开挖前至少经过 1 周时间的监测并取得稳定初始值。

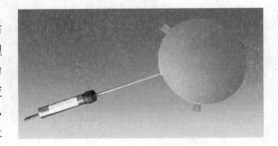

图 3.13　钢弦式土压力盒

挂布法（图 3.14）安装土压力盒的具体步骤如下：

（1）先用帆布制作一幅挂布，在挂布上缝有安放土压力盒的布袋，布袋位置按设计深度确定。

（2）将挂布绑在钢筋笼外侧，并将带有压力囊的土压力盒放入布袋内，压力囊朝外，导线固定在挂布上引至围护结构顶部。

（3）放置土压力计的挂布随钢筋笼一起吊入槽（孔）内。

（4）混凝土浇筑时，挂布将受到流态混凝土侧向压力而与槽壁紧密接触。

图 3.14 挂布法安装土压力盒

钻孔法安装土压力盒具体步骤如下：

（1）先将土压力盒固定在安装架内（图 3.15）。

（2）钻孔到设计深度以上 0.5～1.0m，放入带土压力盒的安装架，逐段连接安装架，土压力盒导线通过安装架引到地面，然后通过安装架将土压力盒送到设计标高。

（3）回填封孔。

图 3.15 土压力盒固定在安装架

图 3.16 钢弦式孔隙水压力计

3.4.9　孔隙水压力监测

1. 测量仪器

孔隙水压力宜通过埋设钢弦式（图 3.16）、应变式等孔隙水压力计，采用频率计或应变计量测。其量程应满足被测压力范围，可取静水压力与超孔隙水压力之和的 2 倍。

2. 测量方法

孔隙水压力计应在事前 2～3 周埋设。埋设前应检查率定资料，记录探头编号，测度初始读数，孔隙水压力计在埋设前应浸泡饱和，排除透水石中的气泡。孔隙水压力计埋设可采用压入法、钻孔法等。采用钻孔法埋设孔隙水压力计时，钻孔直径宜为 110～130mm，不宜使用泥浆护壁成孔，钻孔应圆直、干净，封口材料宜采用直径 10～20mm 的干燥膨润土球。孔隙水压力计埋设后应测量初始值，且宜逐日量测 1 周以上并取得稳定初始值。应在孔隙水压力监测的同时测量孔隙水压力计埋设位置附近的地下水位。

孔隙水压力监测未尽事宜可参考本书第 5 章 5.3.2 节预压法施工监测。

3.4.10　坑外土体分层竖向位移监测

1. 测量仪器

坑外土体分层竖向位移一般通过埋设分层沉降磁环进行量测，沉降仪如图 3.17 所示。

2. 测斜管的埋设原则与方法

沉降磁环可通过钻孔和分层沉降管进行定位埋设。分层沉降管由波纹状柔性塑料管制成，管外每隔一定距离安放一个钢环，地层沉降时带动钢环同步下沉，采用搁置在地表的电感探测装置测量电磁频率的变化来捕捉钢环的确切位置，由钢尺读数可测出钢环所在的深度。根据钢环位置深度的变化，即可知道地层不同标高处的沉降变化情况，如图 3.18 所示。

图 3.17　沉降仪

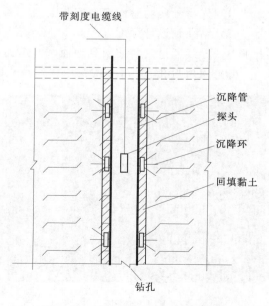

带刻度电缆线

沉降管
探头
沉降环

回填黏土

钻孔

图 3.18　土体分层沉降监测示意图

磁环式分层沉降标或深层沉降标应在基坑开挖前至少1周埋设。采用磁环式分层沉降标时，应保证沉降管安置到位后与土层粘贴牢固。采用分层沉降仪测量时，每次测量应重复2次并取其平均值作为测量结果，2次读数较差不大于1.5mm，沉降仪的系统精度不宜低于1.5mm。

采用磁环式分层沉降标监测时，每次监测均应测定沉降管口高程变化，然后换算出沉降管内各监测点的高程。深层土体垂直位移的初始值应在分层标埋设稳定后进行，不少于一周。每次监测分层沉降仪应进行进、回两次测试，两次测试误差值不大于1.0mm，对于同一个工程应固定监测仪器和人员，以保证监测精度。

测试点管口要做好防护墩台或井盖，盖好盖子，防止沉降管损坏和杂物掉入管内。坑内回弹孔埋设时应避免因削弱承压水层以上隔水层厚度而引发承压水突涌的危险。

3. 测量方法

测量方法分为孔口标高法和孔底标高法。

（1）孔口标高法。在孔口做一标记，每次测试都应该以该标记为基准点，孔口标高由测量仪器测量。

（2）孔底标高法。以孔底为基准点（沉降管应落在地下相对稳定点），从下往上逐点测量。

监测时应先用水准仪测出沉降管的管口高程，然后将分层沉降仪的探头缓缓放入沉降管中。当接收仪发生蜂鸣或指针偏转最大时，就是磁环的位置。捕捉响第一声时测量电缆在管口处的深度尺寸，每个磁环有两次响声，两次响声间的间距十几厘米。这样由上向下地测量到孔底，这称为进程测读。当从该沉降管内收回测量电缆时，测头再次通过土层中的磁环，接收系统的蜂鸣器会再次发出蜂鸣声。此时读出测量电缆在管口处的深度尺寸，如此测量到孔口，称为回程测读。磁环距管口深度取进、回程测读数平均数。

4. 测试数据处理

分层沉降标（磁环）位置应以绝对高程表示，计算式如下：

$$D_c = H_c - h_c \tag{3.4}$$

式中　D_c——分层沉降标（磁环）绝对高程，m；

　　　H_c——沉降管管口绝对高程，m；

　　　h_c——分层沉降标（磁环）距管口的距离，m。

本次垂直位移量 Δh_c^i：

$$\Delta h_c^i = D_c^i - D_c^{i-1} \tag{3.5}$$

累计垂直位移量 Δh_c：

$$\Delta h_c = D_c^i - D_c^0 \tag{3.6}$$

式中　D_c^i——第 i 次磁环绝对高程，m；

　　　D_c^{i-1}——第 $i-1$ 次磁环绝对高程，m；

　　　D_c^0——磁环初始绝对高程，m；

　　　Δh_c^i——本次垂直位移，mm；

　　　Δh_c——累计垂直位移，mm。

3.4.11　建筑物倾斜监测

1. 测量仪器

建筑物的倾斜监测一般采用电子全站仪进行。

2. 测量方法

建筑物的倾斜监测应根据不同的现场观测条件和要求，选用投点法、水平角法、前方交会法、正垂线法、差异沉降法等。建筑物的倾斜监测应测定监测对象顶部相对于底部的水平位移与高差，分别记录并计算监测对象的倾斜度、倾斜方向和倾斜速率。建筑物倾斜监测精度应符合《工程测量规范》（GB 50026—2007）及《建筑变形测量规范》（JBJ 8—2007）的有关规定。

3.4.12　建筑物裂缝监测

1. 测量仪器

根据裂缝种类的不同，裂缝监测可以使用的设备有：直尺（卷尺）、裂缝计 [图 3.19（a）]、千分尺 [图 3.19（b）]、游标卡尺、照相机、超声波仪等。

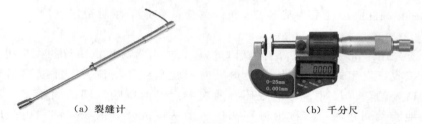

(a) 裂缝计　　　　　　　　　　　　　　(b) 千分尺

图 3.19　裂缝计和千分尺

2. 测量方法

裂缝监测应包括裂缝的位置、走向、长度、宽度、深度和变化程度。裂缝监测数量应根据需要确定，主要或变化较大的裂缝必须进行监测。在基坑开挖前应记录监测对象已有裂缝的分布位置和数量，测定其走向、长度、宽度和深度等情况，标志应具有可供测量的明晰端面或中心。裂缝各指标的测量方法和精度要求如下：

（1）裂缝长度。采用直尺（卷尺）进行测量，精度不宜低于 1mm。

（2）裂缝宽度。可在裂缝两侧贴石膏饼，画平行线或贴埋金属标志等，采用千分尺或游标卡尺等直接量测的方法；也可采用裂缝计、粘贴安装千分表法、摄影量测等方法进行测量，裂缝宽度监测精度不宜低于 0.1mm。

（3）裂缝深度。当裂缝深度较小时宜采用凿出法和单面接触超声波法监测；深度较大裂缝宜采用超声波法监测，精度不宜低于 1mm。

3.5　监测频率与监测警戒值

3.5.1　监测频率

基坑工程监测工作应贯穿于基坑工程施工全过程。基坑工程监测频率应以能反映监测对象所测项目的重要变化过程，又不遗漏其变化时刻为原则。对有特殊要求的周边环境的监测应根据需要延续至变形趋于稳定后才能结束。

监测项目的监测频率应考虑基坑工程等级、基坑及地下工程的不同施工阶段以及周边环境、自然条件的变化。当监测值相对稳定时，可适当降低监测频率。对于应测项目，在无数据异常或事故征兆的情况下，开挖后仪器监测频率的确定可参照表3.8。当出现下列情况之一时，应加强监测，提高监测频率，当有危险事故征兆时，应实时跟踪监测，并及时向甲方、施工方、监理及相关单位报告监测结果：

（1）监测数据达到报警值。

（2）监测数据变化较大或者速率加快。

（3）存在勘察未发现的不良地质。

（4）超深、超长开挖或未及时加撑等违反设计工况施工。

（5）基坑及周边大量积水、长时间连续降雨、市政管道出现泄漏。

（6）基坑附近地面荷载突然增大或超过设计值。

（7）支护结构出现开裂。

（8）周边地面突发较大沉降或出现严重开裂。

（9）临近建筑突发较大沉降、不均匀沉降或出现严重开裂。

（10）基坑底部、侧壁出现管涌、渗漏或流沙等现象。

（11）基坑工程发生事故后重新组织施工。

（12）出现其他影响基坑及周边环境安全的异常情况。

表 3.8   现场仪器监测的监测频率

基坑类别	施工进程		基坑设计深度/m			
			≤5	5～10	10～15	>15
一级	开挖深度/m	≤5	1次/1d	1次/2d	1次/2d	1次/2d
		5～10	—	1次/1d	1次/1d	1次/1d
		>10	—	—	2次/1d	2次/1d
	底板浇筑后时间/d	≤7	1次/1d	1次/1d	2次/1d	2次/1d
		7～14	1次/3d	1次/2d	1次/1d	1次/1d
		14～28	1次/5d	1次/3d	1次/2d	1次/2d
		>28	1次/7d	1次/5d	1次/3d	1次/3d
二级	开挖深度/m	≤5	1次/2d	1次/2d	—	—
		5～10	—	1次/1d	—	—
	底板浇筑后时间/d	≤7	1次/2d	1次/2d	—	—
		7～14	1次/3d	1次/3d	—	—
		14～28	1次/7d	1次/5d	—	—
		>28	1次/10d	1次/10d	—	—

注   1. 有支撑的支护结构各道支撑开始拆除到拆除完成后3d内监测频率应为1次/1d。

      2. 基坑工程施工至开挖前的监测频率视具体情况确定。

      3. 当基坑类别为三级时，监测频率可视具体情况适当降低。

      4. 宜测、可测项目的仪器监测频率可视具体情况适当降低。

表3.9　基坑及支护结构监测报警值

序号	监测项目	支护结构类型	一级 累计值 绝对值/mm	一级 累计值 相对基坑深度(h)控制值	一级 变化速率/(mm/d)	二级 累计值 绝对值/mm	二级 累计值 相对基坑深度(h)控制值	二级 变化速率/(mm/d)	三级 累计值 绝对值/mm	三级 累计值 相对基坑深度(h)控制值	三级 变化速率/(mm/d)
1	围护墙(边坡)顶部水平位移	放坡、土钉墙、喷锚支护、水泥土墙	30~35	0.3%~0.4%	5~10	50~60	0.6%~0.8%	10~15	70~80	0.8%~1.0%	15~20
		钢板桩、灌注桩、型钢水泥土墙、地下连续墙	25~30	0.2%~0.3%	2~3	40~50	0.5%~0.7%	4~6	60~70	0.6%~0.8%	8~10
2	围护墙(边坡)顶部竖向位移	放坡、土钉墙、喷锚支护、水泥土墙	20~40	0.3%~0.4%	3~5	50~60	0.6%~0.8%	5~8	70~80	0.8%~1.0%	8~10
		钢板桩、灌注桩、型钢水泥土墙、地下连续墙	10~20	0.1%~0.2%	2~3	25~30	0.3%~0.5%	3~4	35~40	0.5%~0.6%	4~5
3	深层水平位移	水泥土墙	30~35	0.3%~0.4%	5~10	50~60	0.6%~0.8%	5~10	70~80	0.8%~1.0%	15~20
		钢板桩	50~60	0.6%~0.7%	2~3	80~85	0.7%~0.8%	4~6	90~100	0.9%~1.0%	8~10
		型钢水泥土墙、灌注桩	50~55	0.5%~0.6%		75~80	0.7%~0.8%		80~90	0.9%~1.0%	
		灌注桩	45~50	0.4%~0.5%		70~75	0.6%~0.7%		70~80	0.8%~0.9%	
		地下连续墙	40~50	0.4%~0.5%		70~75	0.7%~0.8%		80~90	0.9%~1.0%	
4	立柱竖向位移		25~35	—	2~3	35~45	—	4~6	55~65	—	8~10
5	基坑周边地表竖向位移		25~35	—	2~3	50~60	—	4~6	60~80	—	8~10
6	坑底隆起(回弹)		25~35	—	2~3	50~60	—	4~6	60~80	—	8~10
7	土压力		(60%~70%)f_1			(70%~80%)f_1			(70%~80%)f_1		
8	孔隙水压力										
9	支撑内力		(60%~70%)f_2			(70%~80%)f_2			(70%~80%)f_2		
10	围护墙内力										
11	立柱内力										
12	锚杆内力										

注：
1. h 为基坑设计开挖深度，f_1 为荷载设计值，f_2 为构件承载力设计值。
2. 累计值取绝对值和相对基坑深度(h)控制值两者的小值。
3. 当监测项目的变化速率达到表中规定值或连续3d超过该值的70%，应报警。
4. 嵌岩的灌注桩或地下连续墙报警值宜按表中数值的50%取用。

3.5.2　监测警戒值

1. 监测警戒值确定的一般原则

由于不同地区基坑工程土层的特性不同，基坑监测的警戒值应该按照当地行业主管部门确定的标准执行。基坑工程监测报警值应符合基坑工程设计的限值、地下主体结构设计要求以及监测对象的控制要求。基坑工程监测报警值由基坑工程设计方确定。基坑工程监测报警值应以监测项目的累计变化量和变化速率两个值控制。因围护墙施工、基坑开挖以及降水引起的基坑内外地层位移按下列条件控制：

（1）不得导致基坑的失稳。

（2）不得影响地下结构的尺寸、形状和地下工程的正常施工。

（3）对周边已有建筑引起的变形不得超过相关技术规范的要求或影响其正常使用。

（4）不得影响周边道路、管线、设施等正常使用。

（5）满足特殊环境的技术要求。

2. 基坑及围护结构监测报警值

基坑及围护结构监测报警值应根据监测项目、围护结构的特点和基坑等级确定，《建筑基坑工程监测技术规范》（GB 50497—2009）规定的基坑及围护结构监测报警值见表3.9。由于我国各地的土质及其稳定性差异很大，各地在使用表3.9时应该考虑当地的经验和具体工程情况。比如上海市、深圳市建设主管部门就根据当地经验规定了本地的报警值。

3. 周边环境监测报警值

周边环境监测警报值应根据当地主管部门的要求确定，如无具体规定，可参考表3.10确定。周边建（构）筑物报警值应结合建（构）筑物裂缝观测规定，并应考虑建（构）筑物原有变形与基坑开挖造成的附加变形的叠加。

表 3.10　　　　　　　　　建筑基坑工程周边环境监测报警值

监测对象		项目	累计值/mm	变化速率/(mm/d)	备注
1		地下水位变化	1000	500	—
2	管线位移	刚性管道　压力	10～30	1～3	直接观察点数据
		刚性管道　非压力	10～40	3～5	
		柔性管道	10～40	3～5	
3		临近建筑位移	10～60	1～3	
4	裂缝宽度	建筑	1.5～3	持续发展	
		地表	10～15	持续发展	

注　建筑整体倾斜度累计值达到 2/1000 或倾斜速度连续 3d 大于 0.0001H/d（H 为建筑承重结构高度）时应报警。

当出现下列情况之一时，必须立即报警；若情况比较严重，应立即停止施工，并对基坑围护结构和周边的保护对象采取应急措施：

（1）监测数据达到监测报警值的累计值。

（2）基坑支护结构或周边土体的位移值突然明显增大或基坑出现流沙、管涌、隆起、陷落或较严重的渗漏等。

（3）基坑支护结构的支撑或锚杆体系出现过大变形、压屈、断裂、松弛或拔出的迹象。

（4）周边建筑的结构部分、周边地面出现较严重的突发裂缝或危害结构的变形裂缝。

（5）周边管线变形突然明显增长或出现裂缝、泄漏等。

（6）根据当地工程经验判断，出现其他必须进行危险报警的情况。

3.6 监测数据处理及监测报告

监测数据的处理是信息化施工的重要环节，监测结果应该及时反馈，指导施工。下面给出监测数据处理的一般原则和报表的内容要求。报表的形式可根据地方规范或经验制作。

3.6.1 数据处理

监测数据的处理是一项重要的技术工作，是基坑工程监测工作的重要环节，监测结果处理是否得当直接影响到安全施工。监测数据分析人员应具有岩土工程、结构工程、施工技术等方面的综合知识，具有设计、施工、测量等工程实践经验，具有较高的综合分析能力，做到正确判断、准确表达，及时提供高质量的综合分析报告。数据处理应遵循的一般原则如下：

（1）现场测试人员应对监测数据的真实性负责，监测数据分析人员应对监测报告的可靠性负责，监测单位应对整个项目监测质量负责。监测记录、监测当日报表、阶段性报告和监测总结报告提供的数据、图表应客观、真实、准确、及时。外业观测值和记事项目，必须在现场直接录于观测记录表中。任何原始记录不得涂改、伪造和转抄，并应有测试、记录人员签字。

（2）现场的监测资料应使用正式的监测记录表格，监测记录应有相应的工况描述，监测数据应及时整理，对监测数据的变化及发展情况应及时分析和评述。

（3）观测数据出现异常，应及时分析原因，必要时进行重测。

（4）监测项目数据分析时，应结合其他相关项目的监测数据和自然环境、施工工况等情况以及以往数据，考察其发展趋势，并作出预报。

（5）监测成果包括当日报表、阶段性报告、总结报告。报表应按时报送。报表中监测成果应图文并茂，重点突出，多采用表格、曲线、照片和图片反映监测结果，便于工程技术人员阅读。

3.6.2 监测报告

一般通过日报、阶段性报告（周报、月报等）、总结报告等形式完成。

1. 日报

日报在每天测试完成后提交，日报表应标明工程名称、监测单位、监测项目、测试日期与时间、报表编号等，并应有监测单位监测专用章及测试人、计算人和项目负责人签字。日报表应包括的主要内容如下：

（1）当日的天气情况和施工现场的工况。

（2）仪器监测项目各监测点的本次测试值、单次变化值、变化速率以及累计值等，必要时绘制有关曲线图。

（3）巡视检查的记录，对巡视检查发现的异常情况应有详细描述，对危险情况应有报警标示，并有原因分析及建议。

（4）对监测项目应有正常或异常的判断性结论。对达到或超过监测报警值的监测点应有报警标示和原因分析，并提出合理的施工建议。

2. 阶段性监测报告

阶段性监测报告主要采用周报、月报、季报或者某重要工序完成后的监测报告体现。阶段性监测报告应标明工程名称、监测单位、该阶段的起止日期、报告编号，并应有监测单位监测专用章及项目负责人、审核人、审批人签字。主要内容如下：

（1）该监测期相应的工程、气象及周边环境概况。

（2）该监测期的监测项目及测点的布置图。

（3）各项监测数据的整理、统计及监测成果的过程曲线。

（4）各监测项目监测值的变化分析、评价及发展预测。

（5）提出相关的设计和施工方法建议。

3. 监测总结报告

作为监测工作的总结，总结报告一般在基坑监测工作全部完成，通常是在地下室主体结构出地面后，由监测单位撰写和提交，总结报告应标明工程名称、监测单位、整个监测工作的起止日期，并应有监测单位监测专用章及项目负责人、单位技术负责人、企业行政负责人签字。总结报告应作为构筑物永久性资料保存。基坑工程监测总结报告的内容如下：

（1）工程概况。

（2）采用的实际监测方案。监测工作的实施情况，与拟定的测试方法相比，哪些有调整。

（3）监测过程记录及监测项目全过程的发展规律及整体评述。包括基坑围护结构各部分受力和变形监测的完整曲线、定量和变化规律，提出各关键构件或位置的变化或内力的最大值，并将其与原设定的报警值进行比较，简要阐述差异产生的原因，这部分是总结报告的核心内容，应该附相应的图表和照片进行说明。

（4）监测工作结论和建议，包括对基坑围护结构的受力和相邻环境影响做出总结评价，需要特别说明的技术问题等。

思考题

1. 基坑工程监测的目的和意义是什么？

2. 基坑工程监测方案的内容有哪些？

3. 基坑及其围护结构监测点的布置原则有哪些？

4. 基坑周边环境监测点的布置原则有哪些？

5. 基坑监测数据处理的原则有哪些？

6. 基坑监测总报告应包含哪些内容？

第4章　隧道施工监测技术

4.1　概述

4.1.1　隧道施工监测的意义

隧道施工监控量测是隧道施工过程中对围岩、支护结构、地表及周边环境动态进行的经常性观察和量测工作。监控量测是隧道施工中的一个重要环节，是新奥法施工的一项重要内容。为了确保隧道施工安全和施工质量，在隧道修建过程中需要采用监控量测、反馈分析和工程控制的信息化施工技术，也即是通过现场监控量测围岩的变形、围岩压力、支护结构的受力和变形，获得围岩稳定及支护结构状态信息，来控制和调整隧道开挖及支护参数，动态指导隧道设计和施工，以实现最优的施工效果。

在隧道施工过程中进行监控量测，可以迅速准确地获得第一手实测资料，在对施工现场观察测试和实测数据处理分析基础上，能及时向业主、设计、施工、监理等各方反馈监测结果，掌握隧道施工过程中出现的各种情况，合理调整施工参数和及时采取技术措施，防范事故的发生。通过监控量测，可以避免隧道开挖与支护等工作安全的盲目性，能及时发现和排除异常情况，少走弯路，节约施工费用和工期。监控量测能直接服务于隧道施工，具有重要的经济意义和实际应用价值。

4.1.2　隧道施工监测的目的及要求

现场监控量测的试验计划应根据隧道的地质地形条件、支护类型和参数、施工方法以及有关条件综合制定。监测计划的内容主要包括：监测项目及方法、监测人员组织、量测仪器的选定、测点布置及数据处理等。隧道监控量测的主要目的和基本要求介绍如下。

1. 监测目的

（1）为设计和修正支护结构参数提供依据。由于地质条件复杂多变，仅仅依靠工程地质调查和试验取得的数据很难反映岩土体的真实状态，因此，在施工过程中通过围岩和支护结构的受力变形测试，可确认或修改原设计或施工参数，或者为修正设计提供依据。

（2）正确选择开挖方法和支护施作时间。通过量测数据分析，可以确定符合具体工程要求和工程地质条件的施工方法、支护结构的施作措施，以充分发挥围岩的自承载能力，利用量测数据，可确定合理的二次衬砌施作时机。

（3）为隧道施工和长期使用提供安全信息。通过对围岩稳定性与支护可靠性的监控量测和分析评定，可以发现施工中隐藏的不安全因素和隧道有可能失稳的区段或局部薄弱部位，以便及时采用相应的处理措施。

（4）研究隧道施工力学机理和设计理论的重要途径。基于隧道施工现场量测，才能更深入的理解围岩和支护结构共同作用的力学机制、不同条件及类型岩体的变形破坏机理。近些年，伴随着现场量测技术的发展，对隧道施工力学机理的认识有了明显的进步，如以新意法为代表的隧道变形控制方法的出现。

2. 基本要求

实践表明，为了确保隧道监控数据质量，监控的量测手段必须满足以下要求。

（1）测点埋设要及时、测点牢固可靠。一般情况下，应力、位移的变化在测点前后两倍洞径范围内最大。第一次测设宜在埋设测点后立即进行，以便取得初始数据，通常要求在爆破后24h内和下一次爆破之前测读初始读数。测点的埋设要有较好的保护措施，确保测点可靠，不易破坏。

（2）测试元件要有较好的防振、防冲击波的能力，高可靠性、长期稳定性好，耐恶劣环境性、适于施工且价格合理。

（3）测设的数据要直观、准确、可靠。隧道开挖、支护作业是连续循环进行的，信息反馈必须及时、全面，否则会影响到施工或因漏掉重要信息而造成严重后果。

（4）测试仪器要有足够的精度。监测手段和测试仪器的选择主要取决于围岩工程地质条件、力学性质、测量的环境条件及监测目的。通常，对于软弱围岩中的隧道工程，由于围压变形量值较大，因而可以采用精度稍低的仪器和装置；而在硬岩中则需要采用较高精度的监测元件和仪器。在干燥无水的情况下，电测仪表往往能较好工作，而在地下水发育的地层中进行电测就较为困难。

4.2 隧道施工监测项目及方法

4.2.1 监测项目

隧道监控量测项目包括变形量测、压力量测、应力量测、振动量测等内容，按性质可分为必测项目和选测项目两大类。现场监控量测应根据设计要求、隧道横断面形状和断面大小、埋深、围岩条件、周边环境条件、支护类型和参数、施工方法等来选择监测项目。

1. 必测项目

必测项目是隧道施工中应进行的日常监控量测项目，是确保围岩稳定、判断支护结构工作状态、指导设计施工的经常性量测内容，具体见表4.1。这类量测通常测试方法简单、费用少、可靠性强，对监视围岩稳定和指导设计施工有巨大的作用。

表4.1　　　　　　　　　　　监控量测必测项目

序号	项目名称	方法及工具	布置	量测间隔时间/d			
				1～15	16～30	30～90	>90
1	洞内、外观察	现场观测、地质罗盘等	开挖后及初支后进行	每次爆破后进行			
2	周围位移	各种类型收敛计	每5～50m一个断面，每个断面2～3对测点	1～2次/d	1次/2d	1～2次/周	1～3次/月

序号	项目名称	方法及工具	布置	量测间隔时间/d			
				1～15	16～30	30～90	＞90
3	拱顶下沉	水准量测的方法，水准仪、钢尺等	每 5～50m 一个断面	1～2次/d	1次/2d	1～2次/周	1～3次/月
4	地表下沉	水准量测的方法，水准仪、钢钢尺	隧道洞口段、浅埋段（$h_0 \leq 2b$）	开挖面距量测断面前后＜2b 时，1～2次/d；开挖面距量测断面前后≤5b 时，1次/(2～3) d；开挖面距量测断面前后＞5b 时，1次/周			

注　b 为隧道开挖宽度；h_0 为隧道埋深。

2. 选测项目

选测项目是为满足隧道设计与施工特殊要求进行的监控量测项目。选测项目不是每座隧道都必须开展的工作，它是对一些有特殊意义和具有代表性意义的区段进行的补充测试，以求更深入地掌握围岩的稳定状态、锚喷支护的效果，以及工程对周围环境影响状况，指导未开挖区段的设计与施工，具体见表4.2。这类量测项目测试较为复杂，量测项目较多，费用较高。一般根据需要只选择其部分项目。

表 4.2　　　　　　　　　　监 控 量 测 选 测 项 目

序号	项目名称	量测仪器	布置	量测间隔时间/d			
				1～15	16～30	30～90	＞90
1	围岩内部位移（洞内设点）	洞内钻孔中安设单点、多点杆式或钢丝式位移计	每代表性地段1～2个断面，每个断面3～5个钻孔	1～2次/d	1次/2d	1～2次/周	1～3次/月
2	围岩内部位移（洞外设点）	地面钻孔中安设单点、多点位移计	每代表性地段1～2个断面，每个断面3～5个钻孔	1～2次/d	1次/2d	1～2次/周	1～3次/月
3	围岩压力	压力盒	每代表性地段1～2个断面，每个断面宜5～8个测点	1～2次/d	1次/2d	1～2次/周	1～3次/月
4	钢架内力	钢筋计、应变计	每代表性地段1～2个断面，每个断面钢架内5～8个测点	1～2次/d	1次/2d	1～2次/周	1～3次/月
5	初期支护和二次衬砌间接触压力	压力盒	每代表性地段1～2个断面，每个断面宜5～8个测点	1～2次/d	1次/2d	1～2次/周	1～3次/月
6	二次衬砌内力、喷射混凝土应力	混凝土应变计、钢筋计	每代表性地段1～2个断面，每个断面宜5～8个测点	1～2次/d	1次/2d	1～2次/周	1～3次/月
7	锚杆轴力	钢筋计、锚杆测力计	每代表性地段1～2个断面，每个断面3～7根锚杆，每根锚杆2～4个测点	1～2次/d	1次/2d	1～2次/周	1～3次/月
8	渗水压力	渗压计	在富水或高水压围岩地段	1～2次/d	1次/2d	1～2次/周	1～3次/月

序号	项目名称	量测仪器	布置	量测间隔时间/d			
				1～15	16～30	30～90	＞90
9	围岩弹性波速	各种声波仪及配套探头	在有代表性地段设置	在隧道开挖后，初期支护施工前进行			
10	爆破振动	爆破测振测试仪及配套传感器	超小净距隧道、连拱隧道、邻近建（构）筑物	随爆破进行			
11	瓦斯	光学瓦斯检定仪或甲烷测定仪	穿越煤系地层	每次爆破后进行			

4.2.2　监测方法

4.2.2.1　洞内、外观察

施工过程中应进行洞内、外观察。洞内观察可分开挖工作面观察和已施工地段观察两部分。开挖工作面观察应在每次开挖后进行，及时绘制开挖工作面地质素描图、数码成像，填写开挖工作面地质状况记录表，并与勘察资料进行比对。洞外观察重点在洞口段和洞身浅埋段，记录地表开裂、地表变形、边坡及仰坡稳定状态、地表水渗透情况等，同时还应对附近地面建（构）筑物进行观察。

1. 掌子面观察

掌子面观察在每次隧道爆破清渣后及时进行。主要了解开挖工作面的工程地质和水文地质条件，具体如下：

（1）岩质种类和分布状态，地质界面位置的状态。

（2）岩性特征：岩石的颜色、成分、结构、构造。

（3）地层时代归属及产状。

（4）节理性质、组数、间距、规模，节理裂隙的发育程度和方向性，断面状态特征，充填物的类型和产状等。

（5）断层的性质、产状、破碎带宽度、特征。

（6）地下水类型，涌水量大小，涌水位置、涌水压力，湿度等。

（7）开挖工作面的稳定状态，顶板及侧壁有无剥落现象。

根据上述内容，填写掌子面围岩状况记录卡并绘制隧道掌子面素描图。素描剖面图的间距随岩性、构造、水文地质条件不同而异。一般情况下，从Ⅵ级到Ⅰ级围岩，剖面素描图间距分别取为5～10m、10～15m、15～25m、40～50m、50～80m、80～120m。

2. 支护结构观察

支护结构观察每天不间断地进行，如果发现异常情况，要详细记录发现时间、距开挖工作面的距离、附近测点的各项量测数据，同时应增加观察频率。观察内容具体包括：

（1）初期支护完成后对喷层表面裂缝状况的描述和记录。

（2）有无锚杆被拉脱或垫板陷入围岩内部的现象。

（3）喷射混凝土是否产生裂隙或剥离，要特别注意喷射混凝土是否发生剪切破坏。

（4）钢拱架有无压屈现象。

（5）拱架落底是否及时，拱架脚部基础是否稳定、坚实。

（6）拱架搭接是否紧密、及时。

（7）隧道下部路基或路面是否有底鼓现象。

（8）喷射混凝土表面有无渗漏水现象。

（9）隧道路面有无开裂现象。

（10）二次衬砌表面有无裂纹产生，需特别注意有无纵向裂缝或斜裂缝的产生。

（11）二次衬砌表面有无渗漏水现象。

4.2.2.2 拱顶下沉与周边收敛量测

隧道围岩周边各点趋向隧道中心的变形称为收敛，拱顶下沉和周边位移可以最直观地反映隧道围岩应力状态变化，因此也评估围岩及初期支护是否稳定的两个重要变形指标。量测拱顶下沉和周边位移可为判断隧道空间的稳定性提供可靠的信息。根据变位速度判断隧道围岩的稳定程度为二次衬砌提供合理的支护时机，指导隧道设计与施工。

1. 监测断面布置

监测断面须尽量靠近开挖工作面。一般测点应距开挖面 2m 的范围内尽快安设，并应保证爆破后 24h 内或下一次爆破前测读初次读数。同时量测过程中应注意满足如下要求：

（1）测点布设应牢固、稳定。

（2）测试数据应准确可靠，每组数据测三次，且三次误差小于 0.1mm。

隧道周边收敛及拱顶下沉监测断面间距可参照表 4.3 执行。

表 4.3 　　　　　　　　　　　拱顶下沉、周边收敛测点间距表

围岩级别	V～VI		IV	III	II
	浅埋段	深埋段			
间距/m	5	10	20	30～40	50

2. 拱顶下沉测点布置

拱顶下沉测点布置与隧道施工方法有关，测点布置如图 4.1 所示。当采用全断面法时，一般只在拱顶中央位置布设 1 个下沉测点；当采用台阶法、CD 或 CRD 时，在拱顶布设 3 个拱顶下沉测点，两侧测点距中心测点的水平距离约为 2m；当采用侧壁导坑法开挖时，在两侧壁导坑开挖时各补充一个拱顶下沉测点；在特殊地段，根据具体情况，可另增设测点及测线。

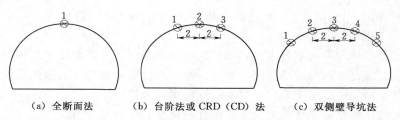

（a）全断面法　　　（b）台阶法或 CRD（CD）法　　　（c）双侧壁导坑法

图 4.1 　测点布置图示意（单位：m）

3. 净空收敛变形测线布置

测线的布置位置、数量与地质条件、开挖方法、位移速度有关。一般测线布置见表

4.4 和图 4.2，可再根据具体情况调整。一般地段应采用两条或三条测线，但拱线处必须有一条水平测线。若位移值较大或偏压显著，可同时进行绝对位移量测。

表 4.4 测 线 布 置 位 置

地段 开挖方法	一般地段	特殊地段			
		洞口附近	埋深小于 $2b$	有膨胀压力或 偏压地段	选测项目量 测位置
全断面开挖	1 条水平测线	—	3 条或 6 条测线	—	3 条或 6 条测线
短台阶法	2 条水平测线	4 条或 6 条测线	4 条或 6 条测线	4 条或 6 条测线	4 条或 6 条测线
多台阶法	每台阶 1 条水平测线	每一台阶 3 条测线	每一台阶 3 条测线	每一台阶 3 条测线	每一台阶 3 条测线

注 b 为隧道开挖宽度。

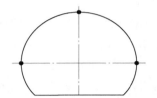

（a）拱顶测点和 1 条水平测线示例

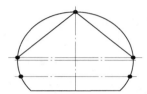

（b）拱顶测点和 2 条水平测线、2 条斜线测线示例

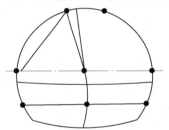

（c）CD 或 CRD 法拱顶测点和测线示例

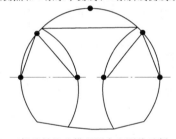

（d）双侧壁导坑法拱顶测点和测线示例

图 4.2 周边收敛、拱顶下沉的测点测线布置图

4. 量测频率

拱顶下沉及周边收敛位移的量测频率可分为由位移速度决定的量测频率和由距开挖面的距离决定的量测频率，见表 4.5 和表 4.6。在两种量测频率之中，原则上采用较高的频率值。

表 4.5 按距开挖面距离确定的量测频率

监控量测断面距开挖面距离/m	监控量测频率
$(0\sim1)\,b$	2 次/d
$(1\sim2)\,b$	1 次/d
$(2\sim5)\,b$	1 次/$(2\sim3)$ d
$>5b$	1 次/7d

注 b 为隧道开挖宽度。

表 4.6 　　　　　　　　　　　　按位移速度确定的监控量测频率

位移速度/(mm/d)	监控量测频率	位移速度/(mm/d)	监控量测频率
≥5	2 次/d	0.5~1	1 次/（2~3）d
1~5	1 次/d	<0.2	1 次/（7）d

若设计有特殊要求，则可按设计要求进行，遇突发事件，则应加强观测。不同的基线和测点，位移速度也不同。因此，以产生最大位移者来决定量测频率，整个断面内的各基线或测点应采用相同的量测频率。

5. 拱顶下沉量测方法

通过测点不同时刻相对高程，求出两次量测的差值，即为该点的下沉值。测量 3 次，取平均值。对于浅埋隧道，可由地面钻孔，使用收敛计或其他仪器测定拱顶相对于地面不动点的位移值；对于深埋隧道，可用水准仪进行量测。

拱顶下沉测点与周边收敛设在同一断面，在拱顶固定一带倒三角环，将钢尺挂三角环上。测试时将水准仪安放在标准高程点和拱顶测点之间，铟钢尺底端抵在标准高程点上。并将铟钢尺调整到水平位置，然后通过水准仪后视铟钢尺，记下读数为 H_1，再前视普通钢尺（注意钢卷尺在每次测试时均要保持相同的张紧力），记下读数 H_2，若标准高程点的高程为 H_0，则本次测试拱顶测点的高程为 $H_0 + H_1 + H_2$。两次不同测试的拱顶高程差即为两次间隔时间内的拱顶变形，如图 4.3 所示。

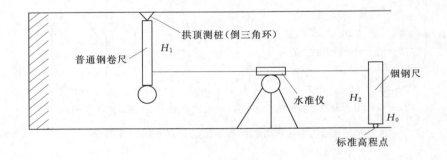

图 4.3　水准仪量测拱顶下沉

6. 周边收敛位移量测方法

采用收敛计量测净空收敛变形，如图 4.4 所示。每条基线应重复测 3 次，并取平均值，当 3 次读数极差大于 0.05mm 时，应重新测试。

图 4.4　数显收敛计

收敛计的具体使用方法如下：

（1）悬挂仪器、调整钢尺张力测量前先估计两测点的大致距离，将钢尺固定在所需长度上（拉出钢尺将定位孔固定在定位销内），将螺旋千分尺旋到最大读数位置上，将仪器两铀孔分别挂于事先埋设好的圆柱测点上，一只手托住仪器，另一只手旋进螺旋千分尺，直至内导杆上的刻度线与套上的刻度线重合时，即可读数。

（2）读数。定位销处的钢尺读数称为长度首数，螺旋千分尺读数为尾数。测距＝首数＋尾数，一般应重复操作 3 次，读取 3 组数值，进行算术平均值确定测量值，以减少测量时的视觉误差。

（3）收敛值及收敛速度。收敛值是指两测点在某一时间内距离的变化量，收敛速度是指单位时间内两测点的距离变化值。设 T_1 时的观测值为 L_1，T_2 时为 L_2，则收敛值与收敛速度计算公式为

收敛值：
$$\Delta L = L_1 - L_2$$

收敛速度：
$$v(t) = \Delta L / \Delta t \quad (\Delta t = T_2 - T_1)$$

（4）温度校正计算。机械式收敛计均有温度误差，所以每次测读的读数，应采用下式进行温度修正，即实际测量值＝修正后的钢尺长度＋千分尺的读数，即

$$L' = L_n[1 - \alpha(T_n - T_0)] \tag{4.1}$$

式中　L'——温度修正后的钢尺实际长度；

　　　L_n——第 n 次观测时钢尺的长度读数；

　　　α——钢尺线膨胀系数，由仪器生产厂家提供；

　　　T_0——首次观测时的环境温度；

　　　T_n——第 n 次观测时的环境温度。

4.2.2.3　地表下沉量测

地表下沉量测可以判定隧道施工对地面建筑物的影响程度和范围，掌握地表变形规律，为分析隧道开挖引起的周边地层扰动状况提供信息。在制定量测方案时，应预估可能发生最大沉降和最大水平位移的点，如隧道中心线、敏感建筑物等。地表下沉量测主要是在近接建（构）筑物，隧道洞口段和浅埋段的施工过程进行。

1. 量测的必要性

在隧道洞口或浅埋地段，由于覆盖层厚度较小，隧道开挖后地层变形直接反映到地表，导致地表沉降，特别是大跨度浅埋隧道。通过对施工过程中的地表沉降量测，得出隧道开挖扰动范围、最大沉降量和地表倾斜程度，从而判断围岩的稳定性，以便及时采取相应施工对策。地表下沉监测的重要性见表 4.7。

表 4.7　　　　　　　　　　　　　　　地表沉降量的重要性

埋深	重要性	量测与否
$3b < h_0$	小	不必量
$2b \leqslant h_0 \leqslant 3b$	一般	最好量一下
$b \leqslant h_0 \leqslant b$	重要	必须进行
$h_0 < b$	非常重要	必须列为主要量测项目

注　b 为隧道直径，h_0 为埋深。

地表沉降监控量测可采用精密水准仪、钢钢尺进行，基准点应设置在地表沉降影响范围之外。测点采用地表钻孔埋设，测点四周用水泥砂浆固定。当采用常规水准测量手段出现困难时，可采用全站仪测量。

2. 测点布置

地表沉降与洞内的净空收敛位移、拱顶下沉等监测项目应尽量布置在同一断面上，以便测量结果相互对照，相互检验。量测断面的间距视工程长度、地质条件变化而定。当地质条件情况良好或开挖过程中地质条件连续不变时，间距可加大，地质变化显著时，间距应缩小。在施工初期阶段，要缩小量测间距。取得一定数据资料后，可适当加大量测间距。一般条件下，地表沉降测点纵向间距可按表 4.8 的要求布置。

表 4.8　　　　　　地表沉降测点纵向间距

隧道埋深与开挖宽度	测点纵向间距/m
$2b<h_0<2.5b$	15～30
$b<h_0\leqslant 2b$	10～15
$h_0\leqslant b$	5～10

注　h_0 为隧道埋深；b 为隧道开挖宽度。

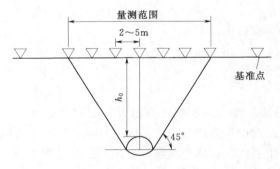

图 4.5　地表沉降测点横向布置示意图

地表沉降测点横向间距一般取 2～5m。在隧道中线附近测点应适当加密，隧道中线两侧量测范围不应小于 h_0+b，地表有控制性建（构）筑物时，量测范围应适当加宽。测点布置如图 4.5 所示。

3. 量测频率

地表变形的量测频率，按表 4.9 和表 4.10 确定的量测频率比较取大值。当施工状况发生变化时，应根据需要适当增加监测频率。

表 4.9　　　　　　地表下沉的量测频率（按位移速度）

位移速度/(mm/d)	量测频率	位移速度/(mm/d)	量测频率
≥5	2～3 次/d	0.2～0.5	1 次/3d
1～5	1 次/d	<0.2	1 次/7d
0.5～1	1 次/（2～3）d	—	—

表 4-10　　　　　　地表下沉的量测频率（按距开挖面距离）

量测断面距开挖面距离/m	量测频率	量测断面距开挖面距离/m	量测频率
（0～1）b	2 次/d	（2～5）b	1 次/（2～3）d
（1～2）b	1 次/d	>5b	1 次/（3～7）d

4. 测量方法

采用水准测量方法测量时，先用水准仪测量两个基准点的高差，如无异常，重新安设水准仪，分别测出各测点与基准点的高差，与初次量测结果对照便可得出本次测量出的地表下沉量。两个基准点的高程最好与水准网联测，以便当基准点遭破坏时可以恢复。首次观测时，对测点进行 3 次观测，取平均值作为初始值。每次量测后应及时进行数据整理分析，绘制量测数据纵向和横向的变化量时程曲线以及距掌子面距离的示意图。

4.2.2.4 围岩内部位移量测

隧道开挖引起围岩应力重分布及产生相应的变形，在距离临空面的不同深度处，其变形量是各不相同的。进行围岩内部位移量测，就是观测围岩表面和内部各测点间的相对位移值，它能较好地反映出围岩受扰动程度与松动圈范围。

1. 测试原理

隧道围岩内部位移量测一般采用位移计进行。位移计分单点位移计和多点位移计，单点位移计只能观测围岩内一个深度的位移，结构简单，制作容易，测试精度高且易于安装和保护；多点位移计则可以观测同一钻孔不同深度围岩的位移，但结构较复杂。下面以多点位移计为例来说明围岩内部位移测试原理。

埋设在钻孔内的各测点与钻孔壁紧密连接，岩层移动时能带动测点一起移动，如图 4.6 所示。变形前各测点钢带在孔口的读数为 S_{i0}，变形后第 n 次测量时各点钢带在孔口的读数为 S_{in}。测量钻孔不同深度岩层的位移，亦即测量各点相对于钻孔最深点的相对位移。第 n 次测量时，测点 1 相对于钻孔的总位移量为 $S_{1n} - S_{10} = D_1$，测点 2 相对于孔口的总位移量为 $S_{2n} - S_{20} = D_2$，测点 i 相对于孔口的总位移量为 $S_{in} - S_{i0} = D_i$。于是，测点 2 相对于测点 1 的位移量是 $\Delta S_{2n} = D_2 - D_1$，测点 i 相对于测点 1 的位移量是 $\Delta S_{in} = D_i - D_1$。当在钻孔内布置多个测点时，就能分别测出沿钻孔不同深度岩层的位移值。可见，测点 1 的深度越大，本身受开挖的影响越小，所测出的位移值越接近绝对值。

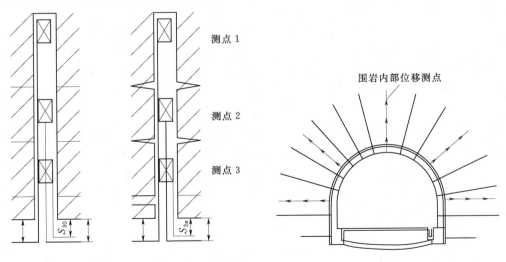

图 4.6 围岩内部位移量测原理示意图　　　　图 4.7 围岩内部位移测点布置图

2. 测点布置及量测频率

围岩内部位移量测断面应设在有代表性的地质地段。每一量测断面应布设 3～5 组测点，尽量靠近锚杆或周边位移量测的测点处，如图 4.7 所示。围岩内位移的量测频率与同一断面其他项目量测频率相同。

3. 量测方法

围岩内部位移量测采用的位移计可分为单点位移计和多点位移计，按工作原理有机械式位移计、电测试位移计或振弦式位移计。下面以多点位移计为例，来说明位移计使用方法。具体如下：

（1）安装测杆束。按测点数将灌浆锚头组件与不锈钢测杆、测杆接头、测杆保护管及密封件、测杆减阻导向接头、测杆定位块等可靠连接固定后集成一束，捆扎可靠，整体置入钻孔中。如遇长（大于 6m）测杆，可分段置入，孔口连接。

（2）灌浆锚固。全部测杆完全置入孔中，使测杆束上端面尽量处于同一平面内并距 $\phi160mm$ 扩孔底面以下约 5cm，测杆保护管比测杆短约 15cm。位置定位可靠后浇筑混凝土砂浆至测杆保护管上端面以下约 20cm，凝固后方可撤去约束。浇筑混凝土砂浆时要特别注意保护测杆保护管口及测杆端口，避免受到损伤和黏结混凝土砂浆。

（3）安装测头基座。先将测杆保护管调节段（长度现场调整）及带刺接头插入测杆保护管中，此时全部测杆及保护管的上端应基本处于同一平面内。放入事先连接好的安装基座和 PVC 传感器定位芯座，将测杆及其保护管与定位芯座上的多孔一一对准后落下定位。注意调节基座法兰的底面位置使测杆不受轴向压力为宜，可用底面加填钢制垫片实现。调节准确后钻地脚螺栓孔并用地脚螺栓将此组件可靠固定于 $\phi160mm$ 孔底面上。

（4）安装位移传感器。将位移传感器逐一通过 PVC 定位芯座上对应定位孔与测杆端接头加螺纹胶旋紧固定。如果发现测杆连接面陷得太深而使传感器无法拧入时，可以加装仪器商预备的加长件。待胶凝固后，频率读数仪在监测状态下调节传感器"零点"，并通过安装在芯座上预置机构锁定位置。按测点数逐一完成上述调节。每个传感器的埋设零点由监测设计者按该测点的"拉压"范围而定。

（5）安装保护罩。用频率读数仪逐一测读各支传感器并做好记录，若全部测读正常，即可装上保护罩，此时保护罩的电缆出口处已安装好了橡胶保护套。将全部测点传感器的信号电缆集成一束从橡胶护套中沿保护套由内向外穿出。安装保护罩时，可在保护罩的 $M90 \times 1.5$ 外螺纹上涂以适量螺纹胶。连接可靠后，整理电缆，再逐一检测各支仪器的读数是否正常。

（6）接长电缆。现场接长电缆处须具备交流电源，仪器电缆与接长电缆间须用锡焊连接芯线，并不得使用酸性助焊剂，芯线外层及电缆表层护套上均使用热缩套管包裹可靠。全部电缆连接工作完成后再用读数仪检测各支仪器的读数是否正常。若认为必要，安装基座及传感测头组件可用混凝土砂浆予以包裹整齐，多点位移计的安装工作即告完成。

4.2.2.5　围岩压力及层间接触压力量测

1. 量测内容

围岩压力量测主要是通过测试围岩与支护结构之间的接触压力，了解支护结构所受围岩压力情况，判断支护结构的可靠程度，掌握围岩动态，评价围岩稳定性。

支护间接触压力量测主要是通过测试初期支护与二次衬砌间的接触压力，判断复合式衬砌中初期支护与二次衬砌各自分担围岩压力情况。验证和评价支护结构形式、支护参数、施工方法的合理性和安全性，确定二次衬砌支护时间。

2. 测点布置及量测频率

压力量测的测点应布设在具有代表性的断面上，布设部位包括拱顶、拱腰、拱脚、墙脚及仰拱等位置，测点布置如图 4.8 所示。

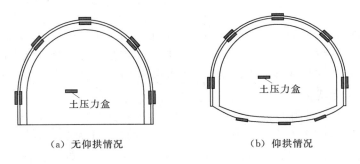

（a）无仰拱情况　　　　　　　　　　（b）仰拱情况

图 4.8　压力盒测点布置图

围岩压力量测从压力传感器埋设到二次衬砌浇筑期间 1 次/d，之后根据压力变化情况可适当加大量测间隔时间。支护与衬砌间压力量测在脱模后的 1 周内 1 次/d，之后可根据实际情况调整量测频率，最大不得超过 1 次/周。

3. 量测方法

在围岩与初期支护或者衬砌间埋设压力传感器，通过读取传感器的相应仪表读数（例如，钢弦频率、L-C 振荡电路的输出信号频率、油压力等）进行间接量测，根据仪器厂家提供的读数——量测参数率曲线换算出相应压力值。常用的压力量测仪器有压力盒和液压枕。

压力传感器（压力盒）埋设后，将电缆逐一编号接出，安放在带锁铁箱内，压力传感器将垂直作用的力转换为量测信号，用相应的量测设备获取信号并存储数据，每测点量测 3 组数据，做好现场记录。现场记录包括测量时间、设计编号、传感器编号、温度计、传感器的频率值等。根据厂家提供的与压力传感器配套的标定曲线或公式计算出力值。

4. 量测注意事项

（1）根据所测压力的大小，选择合适量程范围、构造合理的压力传感器（压力盒），监测接触面压力，可采用直径与厚度之比较小的单膜压力盒。钢弦式压力元件和读数仪表因未使用而放置 12 个月以上时，使用前要重新进行标定。

（2）测点尽量和其他必测项目布置在同一断面。压力盒安装严格按照厂家提供的使用说明书进行，由量测技术人员负责安装、保护，量测工作由量测技术主管全面负责，保证量测数据及时、真实反映现场情况。

（3）为了保证中长期监测结构应力和围岩压力，测点电缆线在施作二衬时与初支和衬砌间测点电缆线同时接出，并编号绑扎。

4.2.2.6　钢架内力量测

1. 量测目的

钢支撑内力量测的目的，在于及时掌握隧道施工过程中钢支撑的内力（弯矩、轴力）

的变化情况。分析初期支护受力状态，判断初期支护的安全性，作为调整支护参数的依据。当钢支撑内力超出设计最大值时，及时采取有效措施，避免因内力过大而导致破坏，引起局部支护系统失稳甚至整个支护系统失效。

2. 量测原理

钢支撑内力的量测方法根据钢支撑的类型而定。对于工字钢（或 H 型钢），可采用表面应变计先测定钢支撑的表面应变值，再通过应力-应变换算来确定应力值。对于格栅拱架，可通过钢筋计直接焊在格栅钢筋上，采用频率读数仪测读数据，并根据频率与应力的率定关系推算钢拱架应力。

表面应变计结构和工作原理与其他钢弦元件类似，其结构如图 4.9 所示。钢架结构受自身因素和外来影响而产生应变，固定在钢架表面的应变计内部钢弦随应变加大而拉长、随应变减小而松弛，由此引起钢弦振动频率相应的变化。根据频率变化情况即可得到应变值，再由胡克定律计算出相应测点的应力。

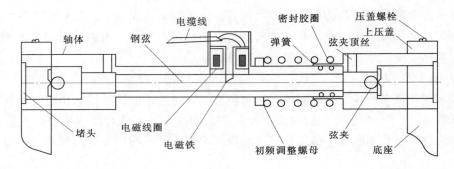

图 4.9　表面应变计结构示意图

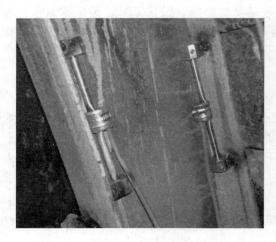

图 4.10　表面应变计安装示意图

3. 量测方法

以表面应变计为例，介绍工字钢拱架内力量测方法。在测点工字钢拱架应变时，将表面应变计安装在钢架的拱顶、拱腰、拱架等典型部位，一般是将表面应变计底座焊接在钢拱架上、下翼缘内侧面上。现场安装示意图如图 4.10 所示。

表面应变计安装定位后及时测量仪器初值，根据仪器编号和设计编号做好记录。应变计在隧道周边的布置与压力盒基本相同，在埋设前，应进行严格标定，并观察从埋设后至开挖前的稳定性，一般以开挖前的检测值作为初始值。在安装应变计时，应避免应变计受扭而影响元件的使用和读数的准确性。应加强对应变计的保护，防止喷射混凝土时破坏元件。

4. 型钢支撑的内力计算

量测时，采用表面应变计间接测试钢支撑上下翼缘的应变，若假定钢支撑处于弹性状态，且不考虑工字钢腹板部位的喷射混凝土受力，则可以根据材料力学的方法计算得到钢支撑的内力。

将拱架应变进行拆分，分为纯轴应变＋纯弯应变，其中纯轴向应变的特点为整个截面应变相同，应变由轴力引起，不产生弯矩，纯弯应变完全由于弯矩作用引起，关于中轴线对称分布，且大小相反，如图 4.11 所示。

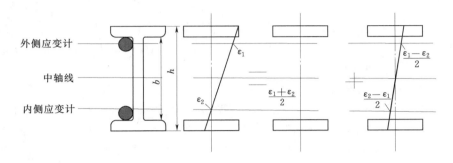

图 4.11　钢支撑内力转化示意图

记工字钢的面积为，惯性矩为。记应变受拉为正，受压为负。则钢拱架轴力为

$$N = \frac{\varepsilon_1 + \varepsilon_2}{2} E_0 A_0 \tag{4.2}$$

式中　E_0——钢拱架弹性模量。

钢拱架弯矩为

$$M = \frac{\varepsilon E_0 I_0}{y} = \frac{\frac{\varepsilon_1 + \varepsilon_2}{2} E_0 I_0}{\frac{b}{2}} = \pm \frac{(\varepsilon_1 - \varepsilon_2) E_0 I_0}{b} \tag{4.3}$$

4.2.2.7　衬砌应力量测

衬砌应力量测主要包括喷射混凝土和二次衬砌模筑混凝土应力量测。进行衬砌应力量测的目的是为了解初期支护和二次衬砌内的应力分布情况，作为分析和评定衬砌结构安全性的依据。

1. 喷射混凝土层应力量测

将量测元件直接埋入喷射混凝土层（简称喷层）内，在围岩逐渐变形过程中，喷层由不受力状态逐渐过渡到受力状态，量测元件能将其应力或应变反映出来。量测元件材质的弹性模量应与喷层的弹性模量相近，避免引起喷层应力的异常分布，影响评价效果。喷层应力量测方法包括应力（应变）计量测法、应变砖量测法。

（1）应力（应变）计量测法。量测喷层应力所使用的直接元件类型较多，常用的有喷层应力计如图 4.12 所示。量测时将应力计埋入喷层内，通过钢弦频率测定仪测出应力计受力后的振动频率，根据事先标定出的频率与应力曲线关系，即可求出作用在喷层上的应力。

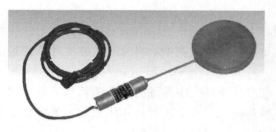

图 4.12　混凝土喷层应力计

（2）应变砖量测法。应变砖量测法，也称电阻量测法。所谓应变砖，实质上是由电阻应变片外加银箔防护做成银箔应变计，再用混凝土材料制成（50～120）mm×40mm×25mm 的矩形立方块，便可测出应变量，其外壳形状如砖，故名应变砖。量测时，应变砖直接埋入喷层内，喷层在围岩应力的作用下，逐渐过渡到受力状态，应变砖也随着产生应力，由于应变砖和喷层基本上是同类材料，埋入喷层的应变砖不会引起应力的异常变化，所以应变砖可直接反应喷层的变形与受力的大小，这是应变砖量测较其他量测方法较优之处。

2. 二次衬砌应力的量测

隧道二次衬砌质量的好坏，对隧道的长期稳定、使用功能的正常发挥以及外观美均有很大影响，为了监视隧道的长期稳定性，需要对二次衬砌进行应力量测。二次衬砌多采用现浇素混凝土或钢筋混凝土，因此二次衬砌应力量测也分为混凝土应力量测和钢筋应力量测。

根据测试原理和测力计结构的不同，二次衬砌应力量测设备可分为液压式和电测式。上节介绍的各种用于喷层量测的设备，都可用于量测二次衬砌的应力。

（1）液压枕量测二次衬砌混凝土应力。

1）液压枕的埋设。先在室内组装，经高压密封性试验检验合格后才能埋设使用，根据量测设计的要求，在埋设液压枕的地点，需要在浇筑混凝土前将其位置固定，以便混凝土浇筑作业。埋设时，首先将液压枕注满机油，排出枕内空气，然后关闭排气阀，在进油嘴上接上高压油管，油管长度以引出工作面到达量测地点为限。为了保护紫铜管，在油管外面再套上一个钢管，然后在油管末端安装油压表、控制阀和油泵。

2）观测。开始宜每天观测一次，以后可减至每周 1～2 次，如果地质条件发生变化，应酌情增减观测次数。根据液压枕内油压前后两次读数之差，即可从液压枕率定曲线上查得压力的变化，从而判断支护结构的稳定状态。

（2）钢筋应力计量测二次衬砌钢筋应力。量测二次衬砌钢筋混凝土中的钢筋应力主要采用钢筋应力计，如图 4.13 所示。钢弦式钢筋应力计主要由应变片、磁芯、钢弦、钢套和引出电缆组成，如图 4.14 所示。

图 4.13　钢筋应力计

在衬砌内外层钢筋中成对布置测点。安装前，在主筋待测部位串联焊接钢弦式钢筋计，在焊接过程中注意对钢筋计淋水降温，记下钢筋计型号，将钢筋计编号用透明胶带紧

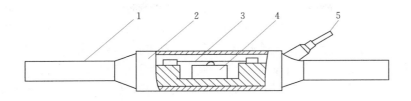

图 4.14 钢弦式钢筋应力计示意图
1—应变片；2—钢套；3—钢弦；4—磁芯；5—引出电缆

密黏贴在导线上。注意将导线集结成束，并采取保护措施，避免在洞内被施工所破坏。

（3）混凝土应变计量测二次衬砌混凝土应力。埋设混凝土应变计时，需要根据混凝土的强度等级选择相应规格的混凝土应变计，使得二者合理匹配，避免超载损坏应变计或混凝土应变计灵敏度太低而影响量测精度。埋设时，为了确保应变计与混凝土共同变形，理论上应将应变计无约束地搁置在混凝土中间。实际操作时，可将应变计直接挂在钢筋上或松弛捆扎在钢筋上；在素混凝土中，可将应变计固定在定制的铁架上。

4.2.2.8 锚杆轴力量测

锚杆轴力量测主要测试锚杆的轴向力，量测锚杆轴力的目的是了解锚杆受力状态和轴力大小，判定围岩变形的发展趋势，评价锚杆的支护效果。

1. 量测方法

进行锚杆轴力量测时，首先在隧道内选择好拟测岩层，再结合隧道开挖和量测断面情况，选择好钻孔位置，以便量测锚杆的安设与测试。量测方法主要包括电阻量测法和锚杆测力计量测法。

（1）电阻量测方法。电阻量测法的量测设备有应变仪、量测锚杆。它是通过量测隧道围岩内锚杆不同深度的应变，然后通过应变求得应力的量测方法。

1）量测锚杆的质量检验。由于电测法量测锚杆是高精度应变的量测元件，故在埋设前应进行严格的质量检验，以保证测试的可靠性，电阻量测法量测锚杆的质量检验主要从零点漂移观测、力学性能试验和防潮检验三个方面着手。

a. 零点漂移观测。在温度恒定、被测件不受力的情况下，测件上应变片的指示应变随时间的变化称为零点飘移（简称"零飘"）。零飘的主要原因是应变片的绝缘电阻过低，敏感栅通电流后的温度效应，黏结剂固化不充分，制造和粘贴应变片过程中形成的初应力以及仪器的零飘或动飘。因此，在选择应变片与粘贴应变片时应特别注意这一问题。在不同的地质条件下，隧道内实测的应变值是不同的，一般情况下零点漂移应小于 $10\mu\varepsilon$。

b. 力学性能试验。为了检验贴片的牢固程度以及其机械滞后量，在恒定温度、对贴有应变片的杆件进行加卸载试验，以各应力水平下应变片加、卸载时所指示的应变量的最大差值作为其机械滞后量。机械滞后主要是由敏感栅、基底和黏结剂在承受应变后留下的残余应变所致。在测试过程中，为了减少应变片的机械滞后给量测结果带来的误差，可对新粘贴片的试件反复加卸荷载 3~5 次。

c. 防潮检验。隧道内湿度一般都较大，有时湿度可达 100%，因此，要求量测锚杆在饱和湿度的条件下仍能保证量测数据准确，为此要求其绝缘电阻必须稳定。

2）埋设注意事项。所有量测锚杆应布置在同一垂直断面内。水平钻孔倾斜角度在垂直断面内不超过 5°，水平面内钻孔与隧道壁面交角应在 85°～90° 之间。为保证量测锚杆与孔壁的胶结质量，钻孔完后，要求吹孔，然后往孔内注满水泥砂浆，注意要均匀地填满全孔。随后将量测锚杆插入注满砂浆的孔内，务必使锚杆端部与围岩壁面保持在同一平面内，不平之处，用砂浆抹平整，待砂浆凝固后即可开始初测。水泥砂浆拌和要求：水泥强度等级不小于 32.5，砂粒径为 0～3mm，质量配比为：水泥：砂：水＝1：1：0.4。埋设电测锚杆时，要缓慢顺势向钻孔内推进，不可锤击，以避免损坏电测元件。

（2）锚杆测力计量测法。由锚杆测力计和频率仪配合使用测出锚杆轴力。锚杆测力计的传感器部分实际上是振弦式钢筋应力计，将一个或多个钢筋应力计串联焊接在锚杆中，即成为一个量测锚杆，如图 4.15 所示。

图 4.15　锚杆轴力量测锚杆

埋设方法与电阻测量锚杆类似，将量测锚杆埋设在垂直于隧道壁面的钻孔中，然后通过频率计测量锚杆测力计的频率，再转换成锚杆轴力。

2. 测点布置和量测频率

在代表性地段设置 1～2 个监测断面，每个断面上布置 3～7 根锚杆，每根锚杆 2～4 个测点。锚杆轴力的量测间隔可按照埋设后 1～15d 内每天测 1～2 次，埋设 16～30d 内每 2d 测 1 次，埋设 30d 后可每周测 1～2 次，埋设 90d 后可每月测 1～3 次。若出现异常，则需要调整监测频率，加强监测。

4.2.2.9　围岩弹性波测试

围岩弹性波测试是一种地球物理探测方法，在隧道工程中常被用来测定围岩物理性质，判断围岩稳定状态，提供围岩分级参数等。隧道工程中可采用弹性波进行测试的项目主要如下：

（1）地下工程位置的地质剖面检测（声波测井），用以划分岩层，了解岩层破碎情况和风化程度等。

（2）岩体力学参数测定，如弹性模量、抗压强度等。

（3）围岩稳定状态的分析，如测定围岩松动圈大小等。

（4）判断围岩的分类等级，如测定围岩体波速和完整性系数等。

围岩弹性波测试的基本原理是通过对岩体施加动荷载，激发弹性波在岩体介质中传播，从波速、波幅和频谱特征等方面来表征岩体的物理力学性质及其构造特征。岩体虽然不是理想弹性体，但对于作用小且持续时间短的情况，所产生的质点位移也非常小，一般不会超过其弹性变形范围，因而可把岩体视为弹性介质，这是采用弹性波法对岩体进行测试的理论基础。目前，在弹性波测试指标中，应用较普遍的是纵波波速，其次是横波波速和波幅变化的观测。弹性波测试主要采用声波仪，其测试方法可参考相关教材。

4.3　监测数据分析处理与信息反馈

4.3.1　量测数据分析处理

监控量测数据的分析处理包括数据校核、数据整理及数据分析。隧道监测过程中获得的数据应及时进行分析处理，并根据监控量测数据分析结果，对隧道围岩与支护结构稳定性进行评价，以反馈设计与施工。

1. 数据校核

首先应对监控量测数据进行校核和可靠性分析，排除仪器、读数等操作过程中的误差，剔除和识别各种粗大、偶然和系统性误差，避免漏测和错测，确保监控量测数据的可靠性和完整性。

现场监控量测数据误差会影响对围岩和支护系统的安全评判，工作中应对误差进行科学分析，减小系统误差，剔除偶然误差，避免人为错误，具体方法如下。

（1）减小系统误差的方法。根据监控量测精度要求选择稳定性好、耐久性好的仪器。如果监控量测仪器产生的系统误差不能满足监控量测精度要求，根据系统误差产生的原因进行修正。

（2）控制偶然误差的方法。引起偶然误差的原因较多，如电源电压波动、仪表末位读数不准、环境因素干扰等。因此，对不同的监控量测项目，应具体分析产生偶然误差的原因，通过加强管理，提高操作人员的技术水平来控制偶然误差。偶然误差一般服从正态分布，在数据处理过程中，应进行数据统计检验。

（3）避免人为误差（错误）的方法。由于测试人员的工作过失所引起的误差，如读错仪表刻度（位数、正负号）、测点与测读数据混淆、记录错误等，都应避免。避免人为误差的措施主要有加强监控量测管理，规范监控量测工作，提高人员素质。在数据处理时，此类误差（错误）必须从测量数据中剔除。

2. 数据整理

对监控量测数据的整理分析包括各种物理量计算、图表制作，如物理量的时间和时间速率曲线及空间分布图的绘制等内容，数据整理时还应注明开挖方法、施工工序以及开挖面距监控量测点距离等信息。

3. 数据分析

由于各种不确定因素影响，现场量测所得的原始数据一般具有一定的离散性，绘制的散点图总是上下波动和不规则的，需要经回归分析等处理后，才能较好地解释量测结果的含义，充分地利用量测数据分析的结果。数据分析的目的主要是验证、反馈和预报三个方面。首先进行各种量测数据之间的相互印证，以确保量测结果的可靠性；在此基础上，通过分析围岩变形或支护结构受力状态，了解围岩稳定性特征和支护结构的安全性，以提供反馈，为优化设计和施工提供依据；根据围岩变形或应力状态随时间的变化情况，对最终值或变化速率进行预测预报，以指导下阶段隧道开挖或支护的实施。

隧道工程所遇到的许多变量都有相关关系，一个量变化，另一个也随之变化，但却无法从一个变量去精确地计算另一个变量。如围岩变形与地层压力的关系；隧道位移值与时间的关系等。所以，应及时对现场量测数据绘制散点图、位移-时间曲线和空间关系曲线。位移-时间曲线的时间横坐标下应注明施工工序和开挖工作面距量测断面的距离等必要信息。当位移-时间曲线趋于平缓时，应进行数据处理或回归分析，以推算最终位移值和掌握位移变化规律。

监测项目中所测数据大多数都是反映两个变量之间的关系，故在这类问题的回归分析中，通常包括一元线性回归和一元非线性回归两种情况。回归分析是对一系列具有内在规律的测试数据进行处理，通过处理和计算得到两个变量之间的函数关系式。用这个关系式做出的曲线能代表测试数据的散点分布，并能推算出因变量的变化规律和极限值。

（1）常用的回归分析函数。

对数函数，例如：

$$u = a + b\ln(1 + t) \tag{4.4}$$

$$u = a\ln\frac{b + T}{b + t_0} \tag{4.5}$$

指数函数，例如：

$$u = ae^{-b/t} \tag{4.6}$$

$$u = a(e^{-bt_0} - e^{-bT}) \tag{4.7}$$

双曲函数，例如：

$$u = \frac{t}{a + bt} \tag{4.8}$$

$$u = a\left[\left(\frac{1}{1 + bt_0}\right)^2 - \left(\frac{1}{1 + bT}\right)^2\right] \tag{4.9}$$

式中　u——位移值，mm；

a、b——回归常数；

t_0——测点初读数时距开挖时的时间，d；

t——初读数后的时间，d；

T——量测时距开挖时的时间，d。

（2）曲线形态的判断。从理论上说，设计合理、可靠的支护系统，其一切表征围岩或支护系统力学形态特征的物理量随时间将渐趋稳定。反之，如果测得的表征围岩或支护系统力学形态特址的某几种或某一种物理量的变化随时间不是渐趋稳定，则可以断言围岩不稳定，支护必须加强或需修改设计参数。

在监测过程中，发现数据异常时，应分析原因，制定对策。例如，位移与时间的正常曲线和反常曲线，如图 4.16 所示。其中反常曲线是指非工序变化所引起的位移急剧增长现象。此时应密切监视，必要时应立即停止开挖并进行施工处理。

4.3.2　监控量测控制标准

监控量测控制基准包括隧道内位移、地表沉降、爆破震动等，应根据地质条件、隧道

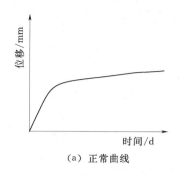

（a）正常曲线

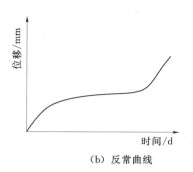

（b）反常曲线

图 4.16 位移-时间曲线

施工安全性、隧道结构的长期稳定性，以及周围建（构）筑物特点和重要性等因素制定。监控量测控制标准用于隧道稳定性的合理判断。例如，当位移速度无明显下降，而此时相对位移值已接近基准量值，或者支护混凝土表面已出现开裂、剥落时，必须立即采取补强措施，并改变施工方法或设计参数。

1. 位移控制标准

《铁路隧道监控量测技术规程》（QCR 9218—2015）规定，隧道初期支护极限相对位移可按表 4.11 和表 4.12 选用。大跨度、特大跨度黄土隧道初期支护相对位移可按照表 4.13 选用。

表 4.11　　　　　　　　　　跨度 $B \leqslant 7\text{m}$ 隧道初期支护极限相对位移

围岩级别	隧道埋深 h/m		
	$h \leqslant 50$	$50 < h \leqslant 300$	$300 < h \leqslant 500$
拱脚水平相对净空变化/%			
II	—	—	0.2～0.60
III	0.10～0.50	0.40～0.70	0.60～1.50
IV	0.20～0.70	0.50～2.60	2.40～3.50
V	0.30～1.00	0.80～3.50	3.00～5.00
拱顶相对下沉/%			
II	—	0.01～0.05	0.04～0.08
III	0.01～0.04	0.03～0.11	0.10～0.25
IV	0.03～0.07	0.06～0.15	0.10～0.60
V	0.06～0.12	0.10～0.60	0.50～1.20

注　1. 本表适用于复合式衬砌的初期支护，硬质围岩隧道取表中较小值，软弱围岩隧道取表中较大值。表列数值可以在施工中通过实测资料积累作适当的修正。

　　2. 拱脚水平相对净空变化指两拱脚测点间净空水平变化值与其距离之比，拱顶相对下沉指拱顶下沉值减去隧道下沉值后与原拱顶指隧底高度之比。

　　3. 墙腰水平相对净空变化极限值可按拱脚水平相对净空变化极限值乘以 1.2～1.3 后采用。

表 4.12　　　　　　　　跨度 7m＜B≤12m 隧道初期支护极限相对位移

围岩级别	隧道埋深 h/m		
2	h≤50	50＜h≤300	300＜h≤500
拱脚水平相对净空变化/%			
Ⅱ	—	0.01～0.03	0.01～0.08
Ⅲ	0.03～0.10	0.08～0.40	0.30～0.60
Ⅳ	0.10～0.30	0.20～0.80	0.70～1.20
Ⅴ	0.20～0.50	0.40～2.00	1.80～3.00
拱顶相对下沉/%			
Ⅱ	—	0.03～0.06	0.05～0.12
Ⅲ	0.03～0.06	0.04～0.15	0.12～0.30
Ⅳ	0.06～0.10	0.08～0.40	0.30～0.80
Ⅴ	0.08～0.16	0.14～1.10	0.80～1.40

注　1. 本表适用于复合式衬砌的初期支护，硬质围岩隧道取表中较小值，软质围岩隧道取表中较大值。表列数值可以在施工中通过实测资料积累作适当的修正。

　　2. 拱脚水平相对净空变化指拱脚测点间净空水平变化值与其距离之比，拱顶相对下沉指拱顶下沉值减去隧道下沉值后与原拱顶至隧底高度之比。

　　3. 初期支护墙腰水平相对净空变化极限值可按拱脚水平相对净空变化极限值乘以 1.1～1.2 后采用。

表 4.13　　　　　　　跨度 12m＜B≤16m 黄土隧道初期支护极限相对位移

围岩等级	$H_0≤B$	$B＜H_0≤2(B+H)$	$2(B+H)＜H_0$
拱部相对下沉/%			
Ⅳa	—	0.55～0.80	0.90～1.30
Ⅳb	—	0.70～0.95	1.15～1.55
Ⅴa	0.40～0.60	0.80～1.15	1.35～1.90
Ⅴb	0.55～0.80	1.10～1.50	
墙腰水平相对净空变化/%			
Ⅳa	—	1. 台阶法施工时不作为控制指标。 2. 侧壁导坑法施工时取 η 倍拱部下沉	η 倍拱部下沉
Ⅴb	—		
Ⅴa	不作为监控要求		
Ⅴb			

注　1. 本表按断面相对值给出，其中拱部下沉（%）为相对于隧底的拱部下沉值与断面开挖高度之比的百分数，适用于开挖面积 100～180m² 、非钻爆开挖、非饱和黄土的大断面黄土隧道，黏质黄土取较小值，砂质黄土取较大值。

　　2. $η＝H/B$ ，隧道宽度比系数。

　　3. 拱部下沉：台阶法包括拱脚和拱顶下沉，侧壁导坑法为导坑拱顶下沉。

　　4. 水平净空变化：全断面指标，双侧壁导坑法中可作为两侧导坑指标（中洞未开挖时）。

　　5. 台阶法施工时，拱脚水平净空变化基准值按表中墙腰水平净空变化的 1/1.3～1/1.8 采用，老黄土取前者，新黄土取后者。

　　6. 拱脚和拱顶下沉以及拱脚净空变化要求在距上台阶掌子面 1.5m 以内开始初测，三台阶开挖时墙腰净空变化应在中台阶开挖时开始初测。

位移控制基准应根据测点距开挖面的距离，由初期支护极限相对位移按表 4.14 的要求确定，分为三个管理等级，见表 4.15。

表 4.14 位 移 控 制 基 准

类别	距开挖面 $1B(U_{1B})$	距开挖面 $2B(U_{2B})$	距开挖面较远
允许值	$65\%U_0$	$90\%U_0$	$100\%U_0$

注 B 为隧道开挖宽度，U_0 为极限相对位移值。

表 4.15 位 移 管 理 等 级

管理等级	跟开挖面 $1B$	跟开挖面 $2B$
Ⅲ	$U<U_{1B}/3$	$U<U_{2B}/3$
Ⅱ	$U_{1B}/3{\leqslant}U{\leqslant}2U_{1B}/3$	$U_{2B}/3{\leqslant}U{\leqslant}2U_{2B}/3$
Ⅰ	$U>2U_{1B}/3$	$U>2U_{2B}/3$

注 U 为实测位移值。

2. 地表沉降控制标准

地表沉降控制基准应根据底层稳定性、周围建（构）筑物的安全要求分别确定，并取最小值。

3. 支护结构受力控制标准

钢架内力、喷混凝土内力、二衬衬砌内力、围岩压力（换算成内力）、初期支护与二次衬砌间接触压力（换算成内力）、锚杆轴力控制基准应满足《公路隧道设计规范》（JTG D70—2004）和《铁路隧道设计规范》（TB 10003—2005）的相关规定。

4. 围岩稳定性判据

围岩稳定性判定的方法有很多，如理论分析法、数值计算和经验类比法等。采用监控量测的结果进行判断是直观和有效的方法，在施工中应给予高度重视。围岩稳定性的综合判别，应根据量测结果，按以下指标评定。

（1）实测位移值不应大于隧道的极限位移。一般情况下，宜将隧道设计的预留变形量作为极限位移，而设计变形量应根据监测结果不断修正。

（2）根据位移速率判断，可参考表 4.16。在高地应力、岩溶地层和挤压地层等不良地质中，应根据具体情况制定判定标准。

表 4.16 围 岩 状 态 判 断

判定等级	位移速率/(mm/d)	围岩状态
1	>1.0	变形急剧增长阶段
2	$0.2\sim1.0$	变形缓慢增长阶段
3	$U<0.2$	基本稳定阶段

容许位移速率是指在保证围岩不产生有害松动的条件下，隧道壁面间水平位移速度的最大容许值。它与岩体特征、隧道埋深及断面尺寸等因素相关，目前尚未统一规定，一般都是根据经验来选定。

（3）根据初期支护的应力应变量测结果来判断。初期支护承受的应力、压力实测值与容许值之比大于或等于 0.8 时，围岩不稳定，应加强初期支护；初期支护承受的应力、压力实测值与容许值之比小于 0.8 时，围岩处于稳定状态。

4.3.3　监控量测信息反馈

监控量测信息反馈应根据监控量测数据分析结果，对工程安全性进行评价，并提出相应工程对策与建议。监控量测信息反馈可按图 4.17 规定的程序进行。施工过程中应进行监控量测数据的实时分析和阶段分析，并应符合下列要求：

（1）实时分析。每天根据监控量测数据及时进行分析，发现安全隐患应分析原因并提交异常报告。

（2）阶段分析。按周、月进行阶段分析，总结监控量测数据的变化规律，对施工情况进行评价，提交阶段分析报告，指导后续施工。

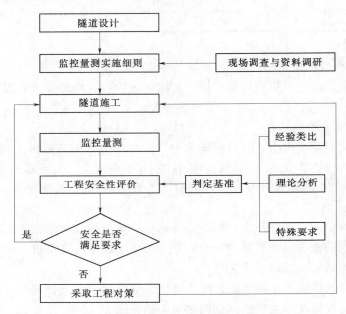

图 4.17　监控量测信息反馈流程

4.4　监测组织与管理

4.4.1　监测人员组织

隧道监控量测任务由施工单位或委托第三方单位承担。现场监控量测应成立专门的量测小组，成员应为专业的监控量测人员，掌握成熟、可靠的测试数据处理与分析技术。监控量测人员数量应由量测项目来决定，要求成员相对稳定，避免人员频繁交换，以确保监控量测数据和资料的连续性。

4.4.2　监测实施细则

现场监控量测实施细则是工程施工组织设计的重要组成部分，需上报监理、业主，经批准后方可正式实施，并且作为现场作业、检查、验收的依据之一，相关资料必须认真保存。当现场监控量测工作由于地质条件、施工方法等因素的影响需要调整时，应报项目技术负责人审核，并经现场监理工程师批准后方可实施。

监控量测实施细则应综合考虑工程特点、设计要求、施工方法、地质条件及周边环境等因素进行编制，并满足下列要求：

（1）确保隧道工程安全。

（2）对工程周围环境进行有效的保护。

（3）尽量降低监控量测费用。

（4）尽量减少对工程施工的干扰。

监控量测实施细则应根据设计要求及工程特点编制，应包括如下内容：

（1）监控量测项目。

（2）人员组织。

（3）元器件及设备。

（4）监控量测断面、测点布置、监控量测频率及监控量测基准。

（5）数据记录格式。

（6）数据处理及预测方法。

4.4.3 监测质量保证体系

现场监控量测小组应建立相应的质量保证体系，负责及时将监控量测信息反馈于施工和设计。监测应该作为重要工序纳入施工组织设计中，并组织专业技术人员负责监测的组织与设计。

由于现场量测与隧道施工作业易发生干扰，因此量测工作与施工作业必须紧密配合、相互支持，施工要为量测创造条件、提供方便。施工单位不应以任何理由中断量测工作，并防止由于抢工期、抢进度忽视量测工作而危及施工安全。同时，监控量测工作也应考虑尽量减少对施工工序的影响。

在施工过程中，各预埋测点应牢固可靠、易于识别，并要妥善保护，避免因施工造成人为破坏，以确保现场量测工作顺利进行。施工现场若发现测点被破坏，应在被破坏测点附近补埋。如果测点出现松动，则应及时加固，当天的量测数据无效，待测点加固后重新读取初读数。

施工现场必须建立严格的监控量测数据复核、审查制度，保证数据的准确性。监控量测数据应利用计算机系统进行管理，由专人负责。如有监控量测数据缺失或异常，应及时采取补救措施，并做详细记录。

4.4.4 监测报告

监控量测资料从一个侧面反映了施工实际情况，是竣工文件中不可缺少的部分，可为其他类似隧道工程设计和施工提供类比依据，并为建成后运营管理服务，且应尽可能详尽。因此，监控量测设计（说明、布置图）、监控量测实施细则及批复、监控量测结果及周（月）报、监控量测数据汇总表及观察资料、监控量测工作总结报告均应纳入竣工文件。

（1）监控量测设计。

（2）监控量测实施细则及批复。

（3）监控量测结果及周（月）报。

（4）在施工过程中进行监控量测数据的分析分为实时分析和阶段分析，均以报告形式反馈。

（5）监控量测数据汇总表及观察资料。

（6）监控量测工作总结报告。

作为监测工作的回顾和总结，监控量测工作总结报告一般在隧道贯通后一段时间内完成，由监测单位撰写和提交。监控量测工作报告需要述及以下方面：监测工作的实施情况，与拟定的测试方案相比，在测试内容、测点布置、测试频率、测试周期等方面已完成的项目，哪些有所调整。

报告含有隧道支护结构、围岩受力和变形监测的完整曲线、定量和变化规律，提出各关键构件或位置的位移或内力的最大值，与原设定的稳定判别标准相比较，简要阐述其产生的原因。应结合图形和图表予以明确和形象描述，亦可适当附上隧道开挖施工与监测的照片，以反映隧道施工各阶段的概况。

思考题

1. 隧道施工监测量测的必测项目是什么？
2. 地表变形量测的目的是什么？
3. 试述隧道洞壁变形量测测点布置。
4. 钢支撑外力量测的目的是什么？
5. 什么是应变砖量测法？
6. 锚杆抗拔力量测的目的是什么？
7. 试述数据处理中，减小系统误差的方法。
8. 试述避免人为误差的方法。

第 5 章　软土地基预压处理方法监测技术

5.1　概述

软土是指海滨、湖沼，河滩、谷地累积的天然含水量高、孔隙比大、压缩性高、抗剪强度低的淤泥、淤泥质土及泥炭。软土根据成因分为海相沉积与陆湘沉积，具体成因分类如图 5.1 所示。

软土是公路建设中遇到最多的软弱基地，广泛分布在我国沿海地区，内陆平原及山区。随着我国经济建设的迅猛发展，大量建筑、交通、能源等工程的兴建，由此引发与软土有关的岩土工程问题也就越来越多。因此，如何有效的解决沿海软土地基成为岩土工程界密切注意研究的问题之一。

软土固结时间长，具有天然含水量高、天然孔隙比大、抗剪强度低、压缩性高、渗透系数小、灵敏度的高、扰动性大、透水性差、结构性差等特点。

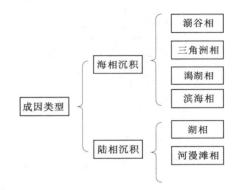

图 5.1　软土成因分类表

软土通常不能直接作为天然的地基或路基，必须通过地基处理方法进行加固处理，提高承载力、降低压缩性后使用。目前常用的软土地基加固处理方法有许多，本书在此不做累述。本书结合地基处理工程监测技术，重点介绍预压法。

预压法即是在建（构）筑物建造以前，在建筑场地或路基进行加载预压，使地基的固结沉降基本完成，提高地基土强度的方法。预压法的设计流程如图 5.2 所示。

预压法适用于在持续荷载下体积发生较大的压缩、强度增长较大的软土，且有足够时间进行压缩施工。为了加速压缩过程，可采用比建筑物重量大的堆载物（超载）进行预压。当预计的压缩时间过长时，可在地基中设计砂井、塑料排水带等竖向排水体以加速土层的固结，缩短预压时间。

预压法适用范围：饱和软黏土、可压缩粉土、有机质黏土和泥炭土等。

预压法的类型有：堆载预压、真空预压、真空和堆载联合预压等。

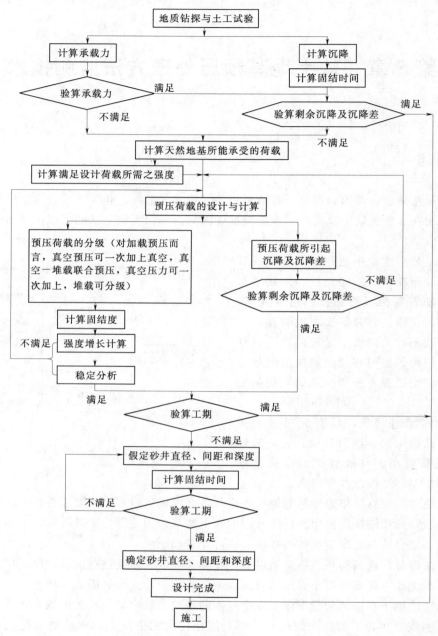

图 5.2 预压法设计流程图

5.2 预压地基监测的目的及监测项目

5.2.1 监测目的

对软基预压施工进行监测的目的如下:

（1）保证地基在施工过程中的安全和稳定。

（2）为准确预测的工后沉降提供依据，使工后沉降控制在设计允许的范围内。

（3）通过监测数据分析、反映土体内部变化规律，指导预压法设计和施工过程，评价加固效果。

（4）为解决工程设计和施工中的疑难问题提供第一手资料，为新技术、新材料、新工艺、新设备的引进推广积累经验和资料。

5.2.2 监测项目

软土地基及路基施工监测的主要内容详见表 5.1。

表 5.1　　　　　　　　　　　　　软基加固施工监测项目

序号	预压项目	监测项目	测试仪器	监测性质
1		地表竖向位移	水准仪、全站仪	应测
2		土体分层竖向位移	分层沉降仪	应测
3	堆载预压、真空预压、真空和堆载联合预压	地表水平位移	经纬仪、全站仪	应测
4		土体深层水平位移	测斜仪	应测
5		孔隙水压力	孔压计	应测
6		地下水位	钢尺、钢尺水位计	应测
7		土压力	土压力盒、频率仪	选测
8	真空预压、真空和堆载联合预压	真空度	真空度测头、真空压力表	应测

5.3　堆载预压法

5.3.1 堆载预压工艺

堆载预压法即堆载预压排水固结法。该方法通过在软基上堆加荷载预压，使土体中的孔隙水沿竖向、水平向排水通道排出，进而使地基土压密、沉降、逐渐固结，从而达到提高软基强度，减少工后沉降的目的。

适用范围：堆载预压法对各类软弱地基均有效，对于深厚的饱和软土，排水固结所需要的时间很长，同时需要大量的堆载材料，故有时在使用上会受限。

预压法的施工顺序如下，先在预压区地面铺设排水砂垫层，然后打入竖向排水体，竖向排水体包括袋装砂井、塑料排水带或袋装砂井。

1. 排水砂垫层的施工

预压时地面必须铺设排水垫层，一般采用透水性好的砂料，渗透系数不低于 10^{-3} cm/s，能起到反滤作用，含泥量不超过 3%，无杂质、有机质。根据原地基的情况采取以下三种施工方法：

（1）当地面表层有一定厚度的硬壳层，能上一般运输机械时，采用机械分堆摊铺法。

（2）当硬壳层承载力不足时，采用顺序推进摊铺法。

（3）当地基表面很软时，为使人和设备能够上去施工，需在表面铺荆笆、塑料编织网、尼龙编织网或土工合成材料，然后再在上铺设排水砂垫层。

图 5.3　袋装砂井

2. 砂井的施工

砂井如图 5.3 所示。为保证砂井连续、密实和均匀，砂井施工常采用以下方法：

（1）套管法。即将带有活瓣管尖或套有混凝土端靴的套管沉到设计深度，然后在管内灌砂，形成砂井。

（2）水冲成孔法。通过专用喷头，在水压作用下冲孔，成孔后清孔，再向孔内灌砂成形。

（3）螺旋钻成孔法。以动力螺旋钻成孔，提钻后向孔内灌砂成形。

3. 塑料排水板的施工

塑料排水板法是提高地基排水能力，加速地基固结的辅助方法。塑料排水板如图 5.4、图 5.5 所示。

图 5.4　塑料排水板

图 5.5　塑料排水板

塑料排水板法的加固原理：利用插板机械在含水量大、孔隙比大、压缩性高、深厚的软土地基中插设具有良好透水性的塑料排水板，从而在软土地基中形成竖向的排水通道，在其上铺设砂垫层而形成水平排水通道增加了土层的排水通道。在外加荷载的作用下，软土地基中产生附加应力。软土地基中的孔隙水应力和附加应力引起的超孔隙水应力随着孔隙水通过塑料排水板和砂垫层排出而降低，地基的孔隙水含水量也随之降低，从而增加了土体密实度，提高土体强度。

塑料排水板施工机械如图 5.6 所示，施工过程如图 5.7 所示。

塑料排水带通过插带机插入土中，要求插

图 5.6　塑料排水板施工机械

带机械具有较低的接地压力，较高的稳定性，移动迅速，对位容易，插入快，对土的扰动小，使用方便，易于操作。插带机械可用挖掘机、起重机、打桩机改装，也可制作专用机械，按其类型一般可分为：①门架式；②步履式；③履带式；④插带船。为使塑料排水带能顺利打入，需在套管端部配上混凝土制成的管尖，或用薄金属板、塑料制成的管靴。

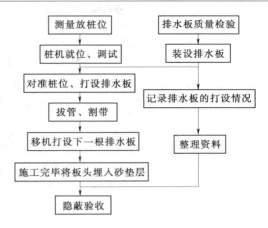

图 5.7　塑料排水板施工过程

4. 堆载的施工

堆载预压一般用石料、砂、砖等散料作为荷载材料，大面积施工时通常用自卸汽车与推土机联合作业。对堆载预压工程，当荷载较大时，应严格控制堆载速率，防止地基发生整体剪切破坏或产生过大塑性变形。工程上一般通过沉降、边桩位移及孔隙水压力等观测资料按一定标准进行控制。控制值的大小与地基土的性能、工程的类型和加荷的方式等有关。按观测资料进行地基稳定性控制是一项复杂的工作，控制指标取决于多种因素，如地基土的性质、地基处理方法、荷载大小以及加荷速率等。软土地基的失稳通常是从局部剪切破坏发展到整体剪切破坏，其间需要有数天时间。因此，应对沉降、边桩位移、孔隙水压力等观测资料进行综合分析，研究它们的发展趋势。

堆载预压工程加载时，预压荷载应分级施加，确保每级荷载下地基的稳定性。卸载时，对主要以变形控制设计的建筑物，当地基土经预压所完成的变形量和平均固结度满足设计要求时，方可卸载。对以地基承载力或抗滑稳定性控制设计的建筑物，当地基土经预压后其强度满足建筑物地基承载力或稳定性要求时方可卸载。

软基预压法正式设计施工前，应在现场选择试验区进行预压试验，在预压过程中应进行地基竖向位移、水平位移、孔隙水压力、地下水位等项目的监测并进行原位十字板剪切试验和室内土工试验等检测项目。根据试验区获得的监测资料确定加载速率控制指标，推算土的固结系数、固结度及最终竖向变形等，分析地基处理效果，对原设计进行修正，指导整个场区的设计与施工。

试验区监测项目可与正式施工过程的监测项目相同。

5.3.2　堆载预压施工监测内容

5.3.2.1　地表竖向位移监测

1. 建立基准点监测网

监测基准点可利用已设置的基准点或自行在施工影响范围外设置基准点，基准点必须成组布设，每组不少于 3 个。使用前需对基准点的准确性、稳定性进行检核，使用过程中需每月至少联测一次。

2. 监测点布置原则

为掌握监测区域沉降和周边土体变形情况，监测点布置应选择有代表性、变形预测较大区域，如设计无特殊要求，可布置在堆载中央处、堆载坡顶处、堆载坡脚处。测点宜均匀分布，场区中央应布点。监测点布设数量应根据场地情况确定，一般不得少于 5 个点。场地内、外沉降监测点宜布设呈断面分布，形成监测网，有助于分析、评价场地沉降情况。

3. 监测点的设置方法

（1）堆载区域外监测点。监测点观测沉降标包括沉降板和测量标，做法如图 5.8 所示。

沉降板可采用 40cm×40cm×5cm 的预制混凝土板，如图 5.9 所示，测量沉降标则固定在板的中央。为了保证沉降板的稳定性，沉降板四周应采用沙袋压实固定。在测区开始降水前连续观测 3 次，取平均值作为初值。

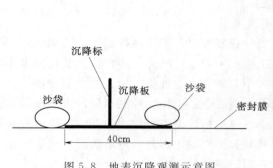

图 5.8 地表沉降观测示意图

图 5.9 地表沉降板

（2）堆载区域内监测点。设置在堆载区域内的沉降观测点为防止被堆载物掩埋，需特殊处理。沉降观测点设置可如图 5.10 所示。

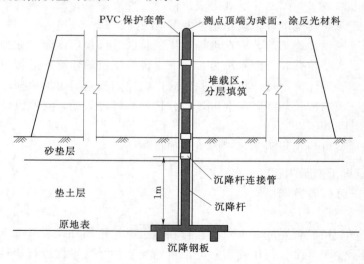

图 5.10 堆载区域内地表沉降观测点设置示意图

在场地清表后未堆载前，根据设计要求位置在堆载区域内安放沉降钢板，在沉降板上焊接约 1m 长的沉降管，用高精度水准仪测量其初始高程。外套 PVC 保护套管。随着砂垫层上部的堆载土层的增高，逐渐接长沉降标和套管，接长前后均需测量一次高程，将接长前沉降杆高程引测到接长后沉降杆的顶点处。沉降杆的顶端为球面，上面涂抹可见度高的反光涂料。

4. 监测方法及监测仪器

地表竖向位移沉降监测应在场地清表平整后埋设沉降标并测量初始值，各监测点的初值取连续 3 次观测的平均值。

监测可采用水准仪、全站仪测量，测量精度按国家《建筑变形测量规范》 （JGJ 82007）的水准测量要求施测。监测时，自基准点开始将测区内的沉降观测点联测在同一个闭合或附合水准路线中，路线闭合差符合规范要求，观测结果应进行平差计算。

5. 堆载预压监测控制值

地基最大竖向变形量不超过 15mm/d，应根据场区地层性质、堆载情况等控制加载间歇时间。

5.3.2.2　地表水平位移监测

1. 建立基准点监测网

地表水平位移监测的工作基准点设于监测点直线段两端，位置在施工区域影响外侧，当测线较长时，可间隔 250m 左右增设工作基准点，一般可用三角观测增设工作基准点，每次监测前工作基点应与设于施工影响区外的平面监测控制网联测。地表土体水平位移监测网的主要技术要求按《工程测量规范》（GB 50026—2007）的规定执行。

水平位移监测工作基准点一般采用钢筋混凝土墩，设置时应保证观测墩垂直，墩高以观测者操作方便为准，顶面平整，埋设强制对中螺杆或底盘，并使各监测点标志中心位于视准线上，偏差不大于 10mm，底盘调整水平，倾斜度不大于 4°。

2. 监测点布置原则

地表水平位移监测应严格控制堆载坡脚处的位移量，宜设置在处理区域边界外 1～1.5 倍处理深度的范围内，设置不少于 2 条水平位移监测断面，每条断面上不宜少于 3 个监测点，距边界外 1m 处应布点，水平位移监测点宜与地表竖向位移监测点布置在相邻位置。

3. 监测点的设置方法

地表水平位移监测一般可采用木桩或预制钢筋混凝土桩，桩的尺寸一般为 200mm×200mm×1000mm，在桩顶部中心位置埋设一根测量标，测量标可采用 ϕ20 钢筋，高出桩50mm，测量标应在混凝土初凝前埋设。桩身埋设时可采用钻具钻孔，钻深 600～800mm，然后将桩插入孔内，用吊锤多次锤击将桩击入土中，地表留 100～200mm 左右，以便观测。

当工程精度要求不高时，也可采用直接埋设沉降杆进行测量。沉降杆可选用长约 1m 的木桩，木桩设置在荷载坡脚外 1m 处。木桩打入土层，桩顶高出地面 5cm，桩顶面钉入测绘钉，具体做法如图 5.11 所示。

4. 监测方法

水平位移监测须在填土一周前安装完毕并测量初始值，各监测点的初始值取 3 次观测值的平均值。

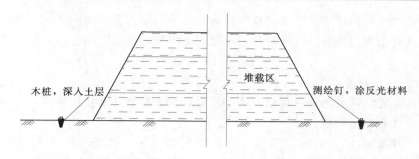

图 5.11 堆载预压处理地基水平位移监测点埋设示意图

测量仪器可采用全站仪,测量方法可采用极坐标测量法。量测时,将仪器安置于一个基准点上,以另一个基准点作为后视,观测各监测点的坐标,根据坐标的变化计算水平位移变化量和累积位移量。

5.3.2.3 土体分层竖向位移监测

1. 监测点布置原则

监测点的布置宜选择区域内有代表性、地质条件较差、预估沉降较大位置布设,一般可选在堆载区域中央处、堆载区域中央至边界的中间地带或预压边界处。布点数应根据试验场地情况确定,在距堆载场地边界外 1~1.5 倍处理深度影响范围宜布置不少于 1 条测斜位移断面,观测点不少于 3 个。土体垂直向布点应根据场地地质条件设置,一般每隔 3m 左右布设一点,当土体分层时,每层应不少于 1 个点,布置深度一般宜大于影响深度 3~6m。

堆载土层内可不设土体分层沉降监测点。

2. 监测点的埋设方法

(1) 堆载区域外监测点。可采用埋设磁环法进行测量。土体分层沉降监测示意图如图 5.12 所示,采用仪器如图 5.13 所示。

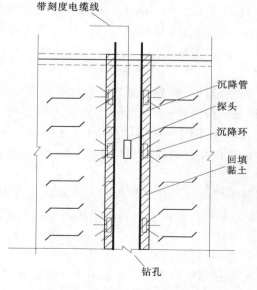

图 5.12 分层沉降仪埋设示意图

图 5.13 土体分层沉降仪

埋入土体内的磁环与土体沉降位移同步，用探头在分层沉降管探测磁环的位置，磁环位置的变化即为该深度处土层的沉降或隆起。深层（分层）沉降监测孔在插板后埋设。首先用钻机成孔，孔径大于磁环外径 5～8cm 左右。钻机采用泥浆护壁钻孔到预定深度后，将磁环穿到 PVC 管设定位置，设计位置的上方设置限位装置，用来给磁环定位，PVC 底部用底盖封好（防止泥浆从底部流入管内，测试管埋设的过程中，在管内注入清水保证管内通顺），然后将串有磁环的 PVC 管放至设计深度；在测管周围回填一定量的膨润土泥球，直至回填到最后一个磁环上部 2m 左右位置，以上部分可用黏土回填到地面。分层沉降管测量完毕后须立即采用软木塞密封，防止杂物掉落管内。

（2）堆载区域内监测点。为防止被堆载物掩埋，设置在堆载区域内的土体分层沉降观测点也需进行特殊处理。场地清表后且未堆载前，根据设计要求的堆载区域内位置及土体竖向分层设计位置，分别设置分层沉降磁环，设置方法同前所述。但分层堆载时应接长沉降管，接长前后均应测量孔口高程，并将孔口原高程引测到新高程。沉降管外套 PVC 保护套管，每段沉降管与套管的长度与分层堆载的高度相同，每次接长需确保套管高出堆土高度不小于 10cm。沉降管管口盖上窨井，保护测试元件，防止土石落入套管内。并在窨井上涂上反光材料。土体分层沉降观测点设置可如图 5.14 所示。

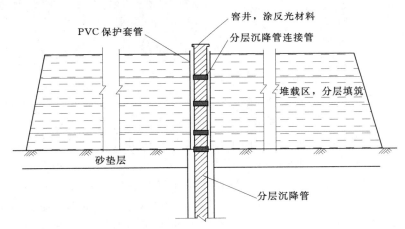

图 5.14　堆载区域内土体分层沉降观测点设置示意图

3. 监测方法

（1）量测前先用水准仪测出管口高程，做长期观测的应进行管口修正。钻孔垂直偏差率小于 1.5%。

（2）在量测位置做好标记，尺子每次量测应在同一位置进行。

（3）量测时自上而下依次逐点进行。

（4）初始值应测量 3 次，以平均值作为初始值。

（5）每次在每一测点应读数 3 次，读数精度为 ±0.5mm。

（6）测试元件埋设稳定后量测初始值。

（7）在记录本中应清楚记录每次读数结果、量测时间、日期、测量人、记录人、孔位、深度等。

5.3.2.4 深层土体水平位移监测（测斜）

1. 监测点布置原则

监测重点是控制边界处水平位移量，故宜布置在距堆载区域边界外 1～1.5 倍处理深度的影响范围内，布置不少于 1 条深层土体侧向位移断面，观测点不少于 3 个。边界外 1m 处需布点，土体水平位移观测深度应大于地基处理深度 10m。

2. 监测点埋设方法

用钻机成孔，并清除孔内泥浆。随后在孔内放入带十字导向槽的 PVC 测斜管（图 5.15），测斜管底部需密封，下管时一定要对好槽口，保证管内十字滑槽有一对槽必须与地基处理边线垂直。

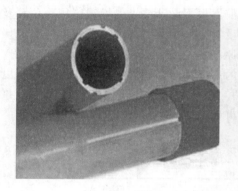
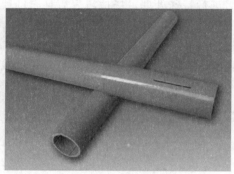

图 5.15 带十字导槽的 PVC 测斜管

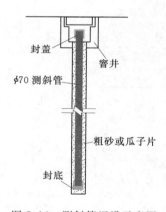

图 5.16 测斜管埋设示意图

测斜管安装期间，在管内充满清水，以克服浮力及防止管内堵塞。当测斜管到位后，需对成孔与测斜管之间的空隙进行密实回填，可采填入粗砂或瓜子片。完成后盖上窨井盖（图 5.16）。刚埋设完几天内，孔内充填物会固结下沉，因此要及时补充保持其高出孔口。围堤护面砌筑期间，测斜管外套 PVC 管进行保护，避免抛填块石砸坏或掩埋测斜监测孔。

测量时，将测斜仪插入测斜管内，将测斜探头滑轮沿测斜导槽逐渐下放至管底，自上而下每隔 0.5m 测定该点的偏移角，然后将探头旋转 180°（A_0、A_{180}），在同一导槽内再测量一次，合起来为一个测回。测斜仪工作原理如图 5.17 所示。

如将管底视为测斜起算点，即管底为固定不动点。通过各测段水平位移的叠加推算总位移量。按下式计算为

$$X_i = \sum_{j=0}^{i} L\sin\theta_j = C\sum_{j=0}^{i}(A_0 - A_{180}) \tag{5.1}$$

式中 X_i——i 深度的本次位移检测值，mm；

    L——探头的长度，mm；

    θ_j——倾角；

    A_0——仪器在 0°方向的读数；

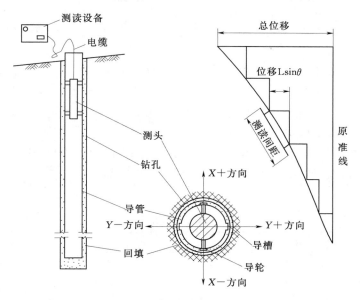

图 5.17　测斜仪工作原理示意图

A_{180}——仪器在 180°方向的读数；

C——探头的标定系数。

　　每个测点测斜管埋设稳定后取 3 次测回观测的平均值作为该测点的初始值。本次值检测值与前次检测值之差为本次的位移量，本次检测值与初始值之差为任意深度处累计水平位移量，按式（5.2）计算：

$$\Delta X_i = X_i - X_{i0} \qquad\qquad (5.2)$$

式中　ΔX_i——i 深度累计位移（计算结果精确至 0.1mm）；

　　　X_i——i 深度的本次检测值，mm；

　　　X_{i0}——i 深度的初始检测值，mm。

　　3. 监测方法

　　（1）测斜监测应在填土一周前安装完毕并测量初始值。

　　（2）测斜管管顶位移使用经纬仪或全站仪布网进行测定。

　　（3）钻孔埋设测斜管，采用测斜仪进行测试。孔径应要保证足以容纳测斜管及填料。成孔后，测斜管可在孔口逐节接成所需长度，接长时注意导向槽的对正，不许偏扭。连接方法是采用带限位条的接头管将上下两节测斜管对接起来，然后用铆钉将接头管与测斜管固定在一起。为防止泥沙从接管处进入管内，应用无纺土工布、油布或胶带封口。混凝土导管绑在管外一并放入。

　　（4）测斜管放入应对正待测方向，慢慢沉放入孔底。沉放过程中导向槽要保持准直，并尽可能接近最后的对准位置，然后将管上端用夹具夹紧固定在钻孔中心。此时要注意使一对导槽与可能发生的位移方向一致。为克服测斜孔内的水浮力，要在测斜管内灌满清水。

　　（5）当测斜管到位后，把水泥浆按比例搅拌好，利用预先绑在测斜管上的导管慢慢灌入，导管逐渐上提，以致孔内完全密实。

（6）为防止杂物进入，测斜管的顶部加盖。并安装预先做好的管口保护装置，以免人为破坏。

（7）待水泥浆终凝，用测斜仪按规定正反导槽测一次，做好记录。但正反导槽测试结果如果相差大，必须重测。

本章关于测斜监测内容未尽事宜可参考本书第 3 章 3.4 节基坑工程监测。

5.3.2.5　孔隙水压力监测

孔隙水压力对岩土体变形和稳定性有很大的影响，因此在饱和土层中进行地基处理和基础施工过程中以及研究滑坡稳定性等问题时，孔隙水压力的监测很有必要。其具体监测目的见表 5.2。

表 5.2　孔隙水压力监测目的

项　目	监 测 目 的
加载预压地基	估计固结度以控制加载速率
强夯加固地基	控制强夯间歇时间和确定强夯深度
预制桩施工	控制打桩速率
工程降水	监测减压井压力和控制地面沉降
研究滑坡稳定性	控制和治理

1. 监测点布置原则

（1）为掌握预压过程中，在不同深度、不同土层地基中孔隙水压力上升与消散变化规律和负压值的变化规律，宜在场地中央处、场地中央至预压地基边界中间地带、预压边界处布置观测点，观测点不少于 3 个。

（2）测试孔宜垂直和沿边坡的走向布置。纵向间距为 10～20m，横向适当加密，考虑潜在滑动区的范围。

（3）布置深度可根据加载后的应力分布确定，在加载影响深度范围内的各软弱土层均应布设测点，竖向间距 3～5m。当土体分层时，每层布设不少于 1 个孔隙水压力计。

2. 仪器、设备简介

孔隙水压力计的种类：钢振弦式、水管式、电阻应变式、气压式等。目前基础工程监测项目多采用振弦式孔隙水压力计，如图 5.18 所示。

钢振弦式工作原理：孔隙水压力计由两部分组成，第一部分为滤头，由透水石、开孔钢管组成，主要起隔断土压的作用；第二部分为传感部分，土孔隙中的有压水通过透水石汇集到承压腔，作用于承压膜片上，膜片中心产生扰曲引起钢弦应力发生变化，钢弦的自振频率随之发生变化。频率的监测采用频率仪，如图 5.19 所示。

钢振弦式孔隙水压力的计算：

$$P = K(f_0^2 - f_1^2) \tag{5.3}$$

式中　K——标定系数，MPa/Hz^2；

　　　f_0——孔压计初始零位，Hz；

　　　f_1——测量值，Hz。

图 5.18　监测中使用的孔隙水压力计　　　　图 5.19　频率仪

3. 孔隙水压力计的埋设方法

埋设前将孔隙水压力计前端的透水石和开孔钢管卸下，放入盛水容器中热泡，以快速排除透水石中的气泡，然后浸泡透水石至饱和，安装前透水石应始终浸泡在水中，严禁与空气接触。

孔隙水压力计埋设是一项技术性很强的工作，各个环节都要认真仔细对待才可能取得最后的成功。常用的埋设方法有两种：

（1）方法一：一个钻孔埋设一个孔隙水压力计。

具体步骤：①钻孔到设计深度以上 0.5～1.0m；②放入孔隙水压力计，采用压入法至要求深度；③回填 1m 以上膨润土泥球；④封孔。

该方法的优点是埋设质量容易控制，缺点是钻孔数量多，比较适合于能提供监测场地或对监测点平面要求不高的工程。

（2）方法二：一孔内埋设多个孔隙水压力计时，压力计间隔不应小于 1m，并做好各元件间的封闭隔离措施。

具体步骤：①钻孔到设计深度；②放入第一个孔隙水压力计，观测段内应回填透水填料，再用膨润土球隔离；③回填膨润土泥球至第二个孔隙水压力计位置以上 0.5m；④放入第二个孔隙水压力计至要求深度，回填透水填料；⑤回填膨润土泥球，以此反复，直到最后一个；⑥回填封孔。

该方法的优点是钻孔数量少，比较适合于提供监测场地不大的工程，缺点是孔隙水压力计之间封孔难度很大，封孔质量直接影响孔隙水压力计埋设质量，成为孔隙水压力计埋设好坏的关键工序，封孔材料一般采用膨润土泥球。

在堆载区域内埋设孔隙水压力计时要注意对埋设孔的保护，埋设方法可按图 5.20 所示。延长孔压计导线至堆载区范围外，导线集中放入仪器导线箱中，导线箱外涂高可见度反光材料。

4. 监测方法

（1）每次测量前，应检查仪器、电池电压、工作状态是否正常。

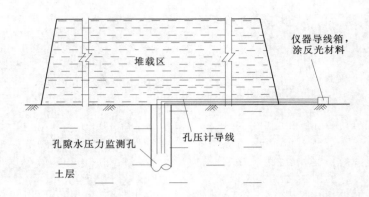

图 5.20　堆载区域内孔隙水压力监测孔埋设示意图

（2）铺设竖向排水体完成后埋设孔隙水压力计，在埋设完毕一周后进行测量，待孔压计读数稳定后测读 3 次初始值，取平均值作为初值。

（3）测量时显示数据稳定后再做记录，测量读数应记录到 0.1Hz。

（4）测量记录本应注明各孔压计的测点编号、标定系数、埋设日期、测量日期、量测记录人员、记录内容等。

5. 监测注意事项

（1）孔隙水压力计应按测试量程选择，上限可取静水压力与超孔隙水压力之和的1.2 倍。

（2）采用钻孔法施工时，原则上不得采用泥浆护壁工艺成孔。如因地质条件差不得不采用泥浆护壁时，在钻孔完成之后，需要清孔至泥浆全部清洗为止。然后在孔底填入净砂，将孔隙水压力计送至设计标高后，再在周围回填约 0.5m 高的净砂作为滤层。

（3）在地层的分界处附近埋设孔隙水压力计时应十分谨慎，滤层不得穿过隔水层，避免上下层水压力的贯通。

（4）在安装孔隙水压力计过程中，始终要跟踪监测孔隙水压力计频率，看是否正常，如果频率有异常变化，要及时收回孔隙水压力计，检查导线是否受损。

（5）孔隙水压力计埋设后应量测孔隙水压力初始值，且连续量测一周，取 3 次测定稳定值的平均值作为初始值。

（6）当一孔内埋设多个孔隙水压力计时，压力计间隔不应小于 1m，并做好各元件间的封闭隔离措施。

5.3.2.6　地下水位观测

1. 监测点布置原则

地下水位监测点宜布置在堆载区域中央处、场区中央至预压边界中间地带及预压边界处，监测点不少于 3 个，监测孔实际埋设深度根据现场情况确定，一般宜大于处理深度1m 以下。

2. 监测点的埋设及监测方法

通常在竖向排水体施工后埋设水位管，采可用钻孔导孔埋设，钻孔垂直偏差率应不大于 1.5%，成孔后清孔，将水位管放置于钻孔中，待孔侧土回淤稳定后，并测量水位初始标高。水位观测管可采用 φ50 的 PVC 管，管壁均匀钻出直径 2mm 的过滤孔，PVC 管外包过滤网。场地堆载过程中需对水位管进行接长处理，每次接长要求高于堆载高度 50cm，监测孔外套 φ70PVC 管进行测点保护。

地下水位观测采用水准仪或水位计。地下水位监测精度不宜低于 10mm。

5.4 真空预压法

真空预压法于 1952 年由瑞典皇家地质学院 W. Kjellman 提出，后经多国相继进行试验，直到 1958 年才在美国费城国际机场跑道的软基加固中获得成功运用。

我国于 1980 年天津新港又继续进行一系列试验。1983 年列为国家重点科技攻关项目，直到 1985 年 12 月 7 日通过国家鉴定后才予以推广应用。

5.4.1 真空预压工艺

真空预压适用于处理以黏性土为主的软弱地基。当存在粉土、砂土等透水、透气层时，加固区周边应采取确保膜下真空压力满足设计要求的密封措施。对塑性指数大于 25 且含水量大于 85% 的淤泥，应通过现场试验确定其适应性。加固土层上覆盖有厚度大于 5m 以上的回填土或承载力较高的黏性土层时，不宜采用真空预压处理。

5.4.1.1 真空预压法的特点

（1）加固过程中土体除产生竖向压缩外，还伴随侧向收缩，不会造成侧向挤出，适于超软土地基加固。

（2）一般膜下真空度可达 600mmHg，等效荷重约为 80kPa，相当于 4.5m 堆土荷载；真空预压荷重可与堆载预压荷重叠加，当需要大于 80kPa 的预压加固荷重时，可与堆载预压法联合使用，超出 80kPa 的预压荷重由堆载预压补足。

（3）真空预压荷载不会引起地基失稳，因而施工时无须控制加荷速率，荷载可一次快速施加，加固速度快，工期短。

（4）施工机具和设备简单，便于操作；施工方便，作业效率高，加固费用低，适于大规模地基加固。

（5）相比于堆载预压法，不需要大量堆载材料，可避免材料运入、运出而造成的运输紧张、周转困难与施工干扰；施工中无噪声，无振动，不污染环境。

（6）适于狭窄地段、边坡附近的地基加固。

（7）需要充足、连续的电力供应；加固时间不宜过长，否则加固费用可能高于同等荷重的堆载预压。

（8）在真空预压加固过程中，加固区周围将产生向加固区内的水平变形，加固区边线以外约 10m 附近常发生裂缝。因此，在建筑物附近施工时应注意抽真空期间地基水平变形对原有建筑物所产生的影响。

5.4.1.2 真空预压法的机理与基本性能

真空预压法是在地基表面铺设密封膜，通过特制的真空设备抽真空，使密封膜下砂垫层内和土体中垂直排水通道内形成负压，加速孔隙水和空气排出，从而使土体固结、强度提高的软土地基加固法。真空作用下土体的固结过程，是在总应力基本不变的情况下，孔隙水压力降低、有效应力增长的过程。

根据太沙基有效应力原理，土体总应力为作用在土体内单位面积上的总力，其值为有效应力和孔隙水压力之和，即

$$土体总应力 \sigma = 有效应力 \sigma' + 孔隙水压力 u$$

在总应力不变的情况下，降低土中孔隙水压力，就可提高地基的有效应力，土体就是在有效应力增加的过程中发生排水固结，以达到地基最终被加固的目的。

5.4.1.3　真空预压施工工艺

真空预压法施工截面如图 5.21 所示。预压地基应预先通过勘察查明土层在水平和竖直方向的分布、层理变化，查明透水层的位置、地下水类型及水源补给情况等。并应通过土工试验确定土层的先期固结压力、孔隙比与固结压力的关系、渗透系数、固结系数、三轴试验抗剪强度等指标，通过原位十字板试验检测土的抗剪强度。

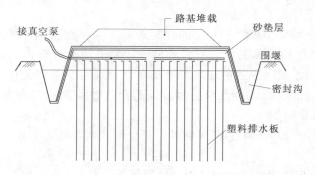

图 5.21　真空预压法施工截面示意图

1. 真空预压法的施工顺序

施工图片如图 5.22～图 5.28 所示。

图 5.22　竖向排水板与滤管绑扎连接

图 5.23　铺设真空抽气管道

（1）铺设排水垫层。

（2）设置竖向排水体，采用高质量的塑料排水板以减少真空度沿深度的衰减。

（3）在排水砂垫层中埋设真空抽气滤管，竖向排水板与抽气滤管绑扎连接。

（4）在加固区边缘挖密封沟。

图 5.24　抽气管的出膜装置

图 5.25　抽气管出膜口

图 5.26　真空射流泵与抽气管连接

图 5.27　铺设土工密封膜

图 5.28　密封沟施工

（5）铺土工密封膜；填密封沟；安装出膜装置，连接抽气管道和真空射流泵。

（6）检验密封情况并进行试抽。

（7）确认一切正常后正式抽气。

（8）真空预压可采用一次连续轴真空至最大压力的加载方式。

抽真空时，先后在地表砂垫层及竖向排水通道内逐步形成负压，使土体与排水通道、垫层之间形成压差；在此压差作用下，土体中的孔隙水和空气不断由排水通道排出，孔隙水压力降低、有效应力增长，从而使土体固结压密。这样，地基沉降在预压加固阶段基本完成，并获得足够的强度。

真空预压抽气前，薄膜内外都受着大气压力作用，土体空隙中的气体与地下水面以上都是处于大气压力状态。抽气后，薄膜内砂垫层中的气体首先被抽出，其压力逐渐下降，薄膜内外形成一个压差，这个压差称之为真空度。

抽真空工艺设备主要为射流泵，射流泵工作原理为工作流体从喷嘴高速喷出时，在喉管入口处因周围的空气被射流卷走而形成真空，被输送的流体即被吸入。两股流体在喉管中混合并进行动量交换，使被输送流体的动能增加，最后通过扩散管将大部分动能转换为压力能。

空抽时必须达到 95kPa 以上的真空吸力，每台射流泵可控制 $1000\sim1500m^2$ 的真空预压区，若面积较大，一个加固区需用多台泵，若面积较小，一台泵可控制几个加固区。为保证真空度，必须采用抗老化性能好、韧性好、抗穿刺能力强的密封膜，其性能见表 5.3。

表 5.3　　　　　　　　　　　　　　　密 封 膜 性 能 指 标

项目分类	序号	项目	指标
基本指标	1	厚度/mm	$0.12\sim0.16$
	2	拉伸强度（纵/横）/MPa	≥18.0/16.0
	3	断裂伸长率/%	≥220/200
	4	直角撕裂强度（纵/横）/(N/mm)	≥60
	5	刺破强度/N	≥50
	6	渗透系数/(cm/s)	$\leq5\times10^{-11}$
	7	耐静水压/MPa	≥0.2
寒冷地区增加指标	1	低温弯折性（−20℃）	无裂纹
	2	低温伸长率（纵/横，−20℃）/%	≥22

注　密封膜的焊接或黏接，其黏缝强度不能低于膜本身抗拉强度的 60%。

2. 真空预压施工注意事项

（1）整平加固区场地，清除杂物，并铺设砂垫层。为避免塑料密封破损，砂垫层表面不得存留石块及其他尖利杂物。

（2）塑料排水板打设完毕并验收合格后，应及时仔细地用砂垫层砂料把打设时在每根塑料排水板周围形成的孔洞回填好，否则，抽真空时这些孔洞附近的密封薄膜很容易破损，造成漏气，从而难以达到和维持要求的真空度。

（3）埋设膜下滤管时，绑扎过滤层的铅丝头均应朝向两侧，切忌朝上。滤管周围须用砂填定，并用磁盘埋好，埋砂厚度以 5cm 左右为宜。砂料中的石块、瓦砾等尖利杂物必须清除干净，以免扎破密封膜。

（4）铺膜时须挖沟，挖出的土堆在沟边平地上，不得堆在砂垫层上。还应避免砂粒滑入沟中。薄膜应事先仔细检查，铺设时四周应放到沟底，但不要拉得过紧。沟中回填的黏土要密实且不夹杂砂石。

（5）管道出膜处应与出膜装置妥善连接，以保证密封性。膜外水平管道上应接有阀门。每台射流历史意义和阀门外侧均应装有真空表，使用前应进行试抽检查。

（6）整个真空系统安装完毕后，记录各观测仪器的读数，然后试运转一次。发现漏气等问题时应及时采取措施补救。

（7）抽真空期间必须保证电力连续供应，不得中途断电，以使真空度在最短时间内达到并长期维持设计值。

3. 真空预压卸载标准

（1）膜下真空度稳定保持 650mmHg 以上，真空满载不少于 70d。

（2）根据实测沉降曲线推算地基土预压荷载下固结度不小于 85%。

（3）最后 10d 沉降速率小于 2mm/d，可停止抽真空。

5.4.2 真空预压施工监测内容

5.4.2.1 地表竖向位移监测

1. 监测点布置原则

地表沉降是监测施工最基本监测项目，它最直接地反映施工区域及周边土体变化情况。为掌握监测区域沉降和周边土体变形情况，监测点布置应选择有代表性、变形预测较大区域，如无设计无特殊要求，可布置在预压场地中央处、场地边缘处。测点宜均匀分布，监测点布设数量应根据场地情况确定，一般不得少于 5 个点。场地内、外沉降监测点宜布设呈断面分布，形成监测网。

地表竖向位移监测网的建立可参考堆载预压法监测网的建立方法。

2. 监测点的设置方法

预压区清表后，根据设计要求位置安放和孔隙水压力测点对应沉降板，沉降板规格可采用 30cm×30cm×5cm 的钢板，测量其初始高程，然后用 PVC 套管保护沉降板，随着填砂垫层堆高，将水准尺插入套管进行沉降测量。砂垫层铺设完毕后安装其余的沉降板，沉降板规格也可采用 30cm×30cm×5cm 的混凝土板，中间埋置一个测绘钉，测得其初始高程值，在插塑料排水板期间需每天观测高程值。铺膜后将沉降板放到保护膜上进行测量。为了保证沉降板的稳定性，沉降板四周应采用沙袋压实固定。地表竖向沉降监测点设置示意图如图 5.29 所示。

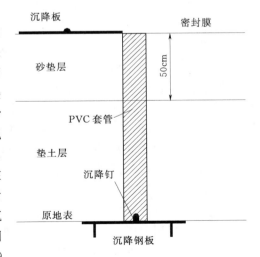

图 5.29 沉降监测点设置示意图

3. 监测方法及监测仪器

可采用水准仪、全站仪测量，测量精度按国家《建筑变形测量规范》（JGJ 82007）的水准测量要求施测。监测时，自基准点开始将测区内的沉降观测点联测在同一个闭合或附合水准路线中，路线闭合差符合规范要求，观测结果应进行平差计算。各监测点的初值取连续 3 次观测的平均值。

5.4.2.2　地表水平位移监测

1. 监测点布置原则

地表水平位移监测点宜设置在密封沟外 1～1.5 倍的处理深度范围内，设置不少于 2 条水平位移监测断面，每条断面上不宜少于 3 个监测点，密封沟外 1m 处应布点。

地表水平位移监测网的建立可参考堆载预压法监测网的建立方法。

2. 监测点的设置方法

地表水平位移监测一般可采用木桩或预制钢筋混凝土桩，桩的尺寸一般为 20cm×20cm×100cm，在桩顶部中心位置埋设一根测量标，测量标可采用 $\phi20$ 钢筋，高出桩 50mm，测量标应在混凝土初凝前埋设。桩身埋设时可采用钻具钻孔，钻深 60～80cm，然后将桩插入孔内，用吊锤多次锤击将桩击入土中，地表留 10～20cm 左右，以便观测。

3. 监测方法

测量仪器可采用全站仪，测量方法可采用极坐标测量法。量测时，将仪器安置于一个基准点上，以另一个基准点作为后视（数据已知），观测各监测点的坐标，根据坐标的变化计算水平位移变化量和累积位移量。各监测点的初始值取 3 次观测值的平均值。

5.4.2.3　土体分层沉降观测

1. 监测点布置原则

观测点宜布置在处理区域中央处、区域中央至密封沟中间地带、密封沟外 1m 处，不少于 3 个。竖向沉降标布置每间隔 3m 左右布设 1 个，当土体分层设置时，每层土不少于 1 个。布置深度大于处理深度 3～6m。

2. 监测点的设置方法

监测点应在竖向排水板埋设完成后铺膜开始前埋设，土体分层沉降监测点埋设示意图如图 5.30、图 5.31 所示。

埋设时首先用钻机成孔，孔径大于磁环外径 5～8cm 左右。钻机采用泥浆护壁钻孔到预定深度后，将磁环穿到 PVC 管设定位置，设计位置的上方设置限位装置，用来给磁环定位，PVC 底部用底盖封好（防止泥浆从底部流入管内，测试管埋设的过程中，在管内注入清水保证管内通顺），然后将串有磁环的 PVC 管放至设计深度；从测管周围回填一定量的膨润土泥球，直至回填到最后一个磁环上部 2m 左右位置，以上部分可用黏土回填到地面。分层沉降管测量完毕后须立即采用软木塞密封。

3. 监测方法

（1）量测采用分层沉降仪进行，量测时自上而下依次逐点进行。

（2）量测前先用水准仪测出管口高程。

（3）在量测位置做好标记，尺子每次量测应在同一位置进行。每次在每一测点应读数两次，读数精度为 0.5mm。

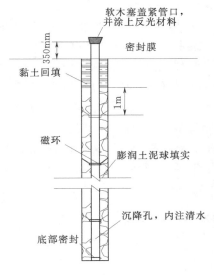

图 5.30 分层沉降仪埋设示意图

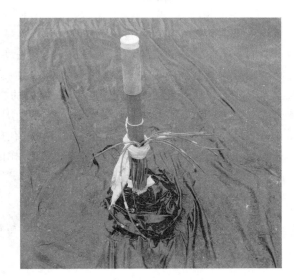

图 5.31 土体分层沉降监测点

（4）开始抽真空前 3d 应测量初始值，初始值应测量 3 次，以平均值作为初始值。

（5）加载期间的观测频率为 1 次/d，满载后每 3～5d 观测 1 次，如遇特殊情况应根据具体情况增加观测次数。

（6）在记录本中应清楚记录每次读数结果、量测时间、日期、量测人、记录人、孔位、深度等。

5.4.2.4 深层土体水平位移监测（测斜）

1. 监测点布置原则

为保护预压区外重要的建（构）筑物不受真空预压施工的影响，应监测在预压过程中不同深度的土体的侧向变形情况，监测点应选择在有代表性、位移较大位置，故宜布置在距加载区域边界外 1～1.5 倍处理深度的影响范围内，布置不少于 1 条深层土体侧向位移断面，观测点不少于 3 个。边界外 1m 处需布点，观测深度应大于地基处理深度 10m。

2. 监测点埋设方法

测斜管埋设时，测斜管的一对槽口必须与待测土体的位移方向一致。在土体顶部要加钢套管于测斜管外起保护作用，钢套管的上口必须高出土层 15cm、埋入土体内的深度不小于 1m。检测施工过程中使用的测斜管管口部要设有可靠的保护装置。在插板之前埋设完成，布设在场区边线外侧，距加固边线 2.0m，埋设底标高应进入相对硬土层 3.0m。测斜管底部需要埋入地基加固期间相对不变形的土层中。

测斜监测点的埋设、监测方法及其他未尽事宜可参考前文堆载预压法测斜监测。

5.4.2.5 孔隙水压力观测

1. 监测点布置原则

为掌握在预压过程中，在不同深度、不同土层地基上孔隙水压力上升与消散变化规律和负压值的变化规律，拟在处理区域中央、中央至密封沟边界的中间地带、预压边界处布置孔隙水压力观测孔。

2. 监测点的设置方法

采用钻机钻孔至设计深度位置，清孔，依次放入孔压计，然后倒入透水填料，透水填料选用干净的中粗砂、砾砂或粒径小于 10mm 的碎石块，透水填料层高度宜为 0.6～1.0m。然后再回填黏土泥球分隔两个孔压计。需特别注意在孔压计埋设前应在清水中浸泡 24h，并需装入沙包内才能下放至孔内。为了保证测试数据的有效性，孔压计不宜埋设过密，每组孔压计分 3～4 孔布设，每个孔内设置不超过 3 只孔压计。为了保证测试元件的存活率，孔压计在放入孔内后，应立即测试数据，一旦发现孔压计损坏后立即取出并更换。

孔隙水压力计宜采用成熟且能够进行长期工作的负压专用振弦式渗压计。在施工期间可采用手持式测量仪进行测量。孔隙水压力计的导线和分层沉降管一起出膜，出膜做法如图 5.32 所示。

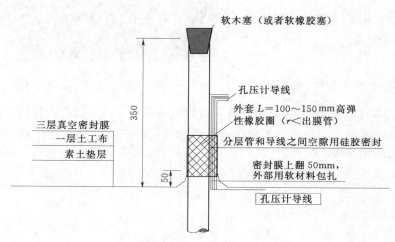

图 5.32　监测元件出膜大样图

3. 监测方法

孔隙水压力监测内容可参考前文堆载预压法孔隙水压力监测。

5.4.2.6　地下水位观测

1. 监测点布置原则

在插板完成后铺膜开始前埋设，各区孔压计旁 1～2m 左右布置一个水位观测孔，埋设深度 10m。铺膜开始前在钻孔中预埋水位观测管，水位观测管采用长度 12m、$\Phi50$ 的 PVC 管，管壁均匀钻出直径 2mm 的过滤孔，PVC 管外包过滤网。

2. 监测点的埋设及监测方法

监测仪器可采用水位计。地下水位量测精度不低于 10mm。

加载期间的观测频率为 1 次/d，满载后每隔 3～5d 观测 1 次，如遇特殊情况应随时增加观测次数。

5.4.2.7　膜下真空度监测

1. 监测点布置原则

膜下真空度测头均匀布置在场区四周角点和加固区中心区域的砂垫层内，观测点和观测断面按设计要求的数量、位置埋设。测头应埋设在滤管之间，距离滤管不小于 2m，严禁将真空测头与滤管或主干管相接。四周角点膜下真空度测头距加固区边线不小于5m。真空表下端侧头置于真空滤管之间砂层0.25m深处。

2. 监测点的设置及监测方法

膜下真空度测量采气端（即膜下测头）可采用硬质空囊，也可采用废弃易拉罐盒，钻以花孔，外包无纺布，将真空表集气塑料细管插入空囊中并固定即可。真空压力测头用软塑料管将其与膜外真空压力表连接，侧头埋入砂垫层中，塑料软管经过密封膜底引出，如图5.33所示。

膜下真空压力的监测方法主要是通过连接射流泵的真空压力表进行观测，真空压力表如图5.34所示。膜下真空度保持在650mmHg以上。

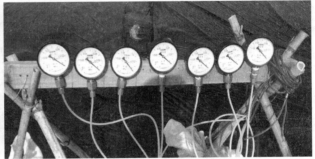

图5.33 真空压力表出膜连接   图5.34 真空压力表

真空压力观测每2～4h一次，发现真空压力下降，应立即查找原因，及时处理。

5.4.2.8 地基承载力检测

预压地基竣工时应进行验收检验，对预压的地基土进行原位试验和室内土工试验。原位试验可采用十字板剪切试验或静力触探试验，检验深度不应小于设计地基加固处理深度。原位试验和室内土工试验，应在卸载3～5d后进行。检验数量按每个处理分区不少于6点进行检测，对于堆载斜坡处应增加检验数量。

预压处理后的地基承载力应通过静载荷试验确定，检验数量按每个处理分区不少于3点进行检测。

本书对预压地基承载力检测不做讲解，如感兴趣可参考岩土工程勘察方面的教材。

5.4.2.9 监测频率

真空预压施工过程监测频率应由设计人员根据工程实际情况提出监测要求，当无具体规定时可按表5.4进行。

表5.4   真空预压监测频率统计表

施工阶段	监测内容	监测频率
埋设后至抽真空第一个月	全测	1d 1次
抽真空第二个月	全测	2d 1次
抽真空第三个月至沉降稳定	全测	3d 1次
沉降趋于稳定时	全测	1d 1次

5.5　监测数据的处理及监测中的注意事项

5.5.1　监测（检测）成果报告内容

检测报告包含但不仅限于以下结果：

（1）工程概况、工程名称、工程地点、试验日期等。

（2）检测依据。

（3）工程地质概况、设计资料和施工记录。

（4）检测点布置图、检测仪器。

（5）检测目的、原理、方法、过程。

（6）检测数据整理、分析，试验的异常情况说明。

（7）检测结论与建议。

（8）检测、编写、校对、审核、审定人员签名，加盖检测报告专用章，所提供的检测报告必须具有合法性和权威性。

（9）历史记录文件。

5.5.2　预压地基处理监测中的注意事项

（1）由于大面积地基处理监测点数较多，监测点布设好后，需要及时做好编号和醒目标志，加强测点的保护工作，严禁车压人踩。

（2）在卸载过程中应派专人配合施工，监测点 1.0m 范围内需人工加卸载，确保各类监测点的成活率。

（3）对关键部位监测点，设置完成后与施工单位管理人员进行沟通，请求协助保护。

（4）对于各类监测孔处以反光材料作醒目标记，提醒施工人员注意保护。如果工程竣工后期需进行观测，则在地面平整时需在管口加设套管、盖，便于长期使用。

（5）本监测工作所使用的传感器数量较多，在传感器埋设后应采取措施固定导线，避免施工机械造成破坏。

（6）孔隙水压力观测导线，宜选用整根线，如果需接头时，应严格密封和接头处的强度处理。

（7）监测人员在监测工作期间常驻现场，每日对监测点进行巡视保护。

（8）实施监测过程中，对出现的异常均应进行复测，并分析原因。

（9）对各类监测项目的观测资料应及时进行综合分析，以判定地基处理效果。

5.5.3　预压地基周边环境监测

在预压过程中，周边土体受挤压产生侧向变形，并引起地表沉降变化。当加载速度过快，荷重接近地基当时的极限承载力时，地基土塑性变形增大，土体侧向位移增大，将对周围建筑物、地下管线等产生变形影响。为了避免出现以上现象，应在距离施工区域周边 1～1.5 倍处理深度影响范围内的周边环境进行检测。具体实施的监测项目选择、监测方法、监测点的布设、监测精度及相关技术要求等可参加本教材第 3 章基坑工程监测内容或参考其他相关专业书籍。

思考题

1. 何谓软土？软土地基有哪些工程特性？
2. 试述软土地基常用的处理方法。
3. 堆载预压法地基处理施工监测内容包括哪些？
4. 堆载预压地基处理施工监测各项目的监测仪器、监测方法是什么？
5. 真空预压处理方法的基本原理是什么？
6. 何谓真空度？
7. 试述预压地基处理监测中的注意事项。

第6章 边坡工程监测

随着我国现代化建设事业的迅速发展，各类高层建筑、水利水电设施、矿山、港口、高速公路、铁路和能源工程等大量工程项目开工建设。在这些工程的建设过程中或建成后的运营期内，不可避免地形成了大量的边坡工程。我国每年由于岩土体失稳而引发的大小滑坡数百万次，由此造成的经济损失高达 100 亿～200 亿元，因暴雨、地震等引发的各类滑坡灾害至 20 世纪 90 年代累积死亡超过 10 万人。边坡失稳产生的滑坡现象已变成同地震和火山相并列的全球性三大地质灾害之一。

6.1 概述

6.1.1 边坡工程监测的意义和作用

边坡岩土体往往具有非均质性与各向异性的特性，在开挖、堆载、降雨、河流冲刷、库水位升降与地震等外部荷载作用下很容易进入局部或瞬态大变形乃至失稳滑动，由于边坡破坏机制非常复杂，准确地预测边坡滑动的时间和范围在目前是不可能的。因此，对于边坡工程特别是大型复杂边坡，除了进行常规的工程地质调查、测绘、勘探、试验和稳定性评价外，尚应及时有效地开展边坡工程的动态监测。

要判定一个边坡的稳定性（其可能失稳变形的类型和性质、滑动的范围、滑动的方向和速度、滑动造成灾害的可能性、危害范围），影响失稳滑动的主要作用因素（降雨、地震、河流冲刷、人工开挖坡脚、堆载、水库水位升降等），这些因素的作用机制和变化幅度以及在已有变形的坡体上进行工程施工保障施工的安全，加固和治理的边坡或滑坡其效果有何关系？

这些问题除了工程地质调查、测绘、勘探、试验和评价外，动态监测也是十分重要和不可缺少的手段，尤其是对重要、高大复杂的边坡及大型复杂的滑坡。边坡监测可以提供可靠的监测资料以识别不稳定边坡的变形和潜在破坏的机制及其影响范围，预测边坡失稳的可能性和滑坡的危险性，并提出相应的防灾减灾措施，对于确保国民经济发展与保障人民群众生命财产安全具有重大意义。

在交通、矿山、建筑和水利等各个建设领域中，通过边坡工程的监测，可以达到以下作用：

（1）评价边坡施工及其使用过程中边坡的稳定程度，并作出有关预报，为业主、施工方及监理提供预报数据。跟踪和控制施工进程，对原有的设计和施工组织的改进提供最直接的依据，对可能出现的险情及时提供报警值，合理采用和调整有关施工工艺和步骤，做到信息化施工和取得最佳经济效益。

（2）为防治滑坡及可能的滑动和蠕动变形提供技术依据，预测和预报今后边坡的位移、变形发展趋势，通过监测可对岩土体的时效特性进行相关的研究。

（3）对已经发生滑动破坏和加固处理后的滑坡，监测结果也是检验崩塌、滑坡分析评价及滑坡处理工程效果的尺度。

（4）为进行有关位移反分析及数值模拟计算提供参数。由于通过试验无法直接取得对于岩土体的特征参数，可以通过监测工作对实际监测的数据（特别是位移值）建立相关的计算模型，进行有关反分析计算。

6.1.2　边坡监测原则

边坡失稳是一个自微观变形向宏观变形的转化过程，一般自变形开始至失稳要经历四个阶段（即卸荷变形阶段、蠕滑拉裂阶段、剧烈滑动阶段和趋稳阶段），故可以在边坡发生变形的过程中，采取适当方法对其变形及其影响因素进行监测，确保其变形在安全范围内，这样就确保了边坡的稳定。例如，在一、二阶段，如果认为它的变形在规定的安全范围内，那么影响因素对边坡稳定产生的影响可以忽略不计，边坡是稳定的；但在三、四阶段，边坡产生的变形有可能导致失稳，必须采取一定的加固措施将其变形控制在安全范围之内以保证边坡的稳定。因此，通过监测，掌握边坡变形的发展和变化规律，进而对其进行预报，防止边坡的失稳或减小边坡失稳时人员和财产的损失是十分必要的。

针对不同的工程背景，监测项目的选择一般采取以下 3 个原则。

1. 重点突出、全面兼顾的原则

该原则包含以下两个方面：

（1）在监测项目上，由于影响边坡稳定性的因素很多，因此所要进行的监测项目也很多，如大地位移测量、裂缝伸长测量、爆破震动测量和压力测量等，这就需要全面考虑这些影响因素，但工程实际中也不可能对这些项目进行全面监测，故需要找出主要反映指标和主要影响因素，对其进行重点监测，这样既符合工程需要又达到监测目的。

（2）在监测点的布置上，既要保证监测系统对整个边坡的覆盖，又要确保关键部位和敏感部位的监测需要，在这些重点部位应优先布置监测点。

2. 及时有效、安全可靠的原则

监测系统应及时埋设、观测、整理分析监测资料和反馈监测信息，反映工程的需要和进度，有效地反馈边坡的变形情况，及时指导生产；仪器安装和测量过程应当安全，测量方法和监测仪器应当可靠，整个监测系统应具有较强的可靠性。

3. 方便易行、经济合理的原则

监测系统现场使用应当便于操作和分析，力求简单易行，仪器不易损坏，适用于长期观测；应充分利用现有设备，仪器在满足工程实际需要的前提下尽可能考虑造价的合理，建立监测系统费用应比较低，力争经济适用。

6.1.3　边坡监测的主要内容与方法

6.1.3.1　边坡监测的主要内容

边坡监测的主要内容依据所需的监测参数可分为四大类：

1. 变形监测

变形监测包括以测量位移形变信息为主的监测方法，如地表相对位移监测、地表绝对位移监测（大地测量、GPS 测量、深部位移监测等），该类技术目前较为成熟，精度较高，常作为常规监测技术用于边坡变形及其他地质灾害监测；由于获得的是灾害体位移变形的直观信息，特别是位移变形信息，往往成为预测预报的主要依据之一。

2. 物理与化学场监测

监测灾害体物理场、化学场等场变化信息的监测技术方法，如应力监测、地声监测、放射性元素（氡气、汞气）测量、地球化学方法及地脉动测量。目前用于监测边坡变形体所含放射性元素（铀、镭）衰变产物（如氡气）浓度、化学元素及其物理场的变化。边坡中的物理、化学场发生变化，往往与变形体的变形破坏联系密切，相对于位移变形，具有超前性。

3. 地下水监测

地下水监测以监测边坡地下水活动、富含特征、水质特征为主的监测方法，如地下水位（或地下水压力）监测、孔隙水压力监测和地下水水质监测等。大部分边坡失稳的形成、发展均与边坡体内部或周围的地下水活动关系密切，同时在灾害生成的过程中，地下水的本身特征也发生相应变化。

4. 诱发因素监测

诱发因素监测主要包括以监测边坡失稳诱发因素为主的监测技术方法，如气象监测、地下水动态监测、地震监测、人类工程活动监测等。降水、地下水活动是边坡变形失稳的主要诱发因素；降水量大小、时空分布特征是评价区域性地质灾害（特别是崩、滑、流三大地质灾害的判别）的两个主要判别指标；人类工程活动（爆破活动）是边坡失稳的主要诱发因素之一，因此边坡失稳诱发因素监测是边坡监测技术的重要组成部分。

6.1.3.2　边坡监测的主要方法

目前，在边坡工程监测技术方面，我国正由过去的人工皮尺简易工具的监测手段过渡到仪器监测，向自动化、高精度及远程系统发展。在边坡工程中，监测方法主要有简易观测法、设站观测法、仪表观测法和远程监测法等四种类型的监测方法。

1. 简易观测法

简易观测法是通过人工观测边坡工程中地表裂缝、地面鼓胀、沉降、坍塌、建筑物变形特征（发生和发展的位置、规模、形态、时间等）及地下水位变化、地温变化等现象，也可在边坡体关键裂缝处埋设骑缝式简易观测桩；在建（构）筑物（如房屋、挡土墙、浆砌块石沟等）裂缝上设置简易玻璃条、水泥砂浆片、贴纸片；在岩石、陡壁面裂缝处用红油漆画线做观测标记；在陡坎（壁）软弱夹层出露处设置简易观测标桩等，定期用各种长度量具测量裂缝长度、宽度、深度变化及裂缝形态、开裂延伸的方向。

2. 设站观测法

设站观测法是指在充分了解工程场区的工程地质背景的基础上，在边坡体上设立变形观测点（成线状、格网状等），在变形区影响范围之外稳定地点设置固定观测站，用测量仪器（经纬仪、水准仪、测距仪、摄影仪及全站型电子速测仪、GPS 接收机等）定期监测变形区内网点的三维（X、Y、Z）位移变化的一种行之有效的监测方法。此法主要指大地测量、近景摄影测量及 GPS 测量与全站式电子速测仪设站观测边坡地表三维位移的方法。

3. 仪表观测法

仪表观测法是指用精密仪器仪表对变形斜坡进行地表及深部的位移、倾斜（沉降）动态，裂缝相对张、闭、沉、错变化及地声、应力应变等物理参数与环境影响因素进行监测。目前，监测仪器一般可分为位移监测、地下倾斜监测、地下应力测试和环境监测四大类。按所采用的仪表可分为机械式仪表观测法（简称机测法）和电子仪表观测法（简称电测法）。其共性是监测的内容丰富、精度高、灵敏度高、测程可调、仪器便于携带，可以避免恶劣环境对测试仪表的损害，观测成果直观可靠度高，适用于斜坡变形的中、长期监测。

4. 远程监测法

伴随电子技术及计算机技术的发展，各种先进的自动遥控监测系统相继问世，为边坡工程，特别是边坡崩塌和滑坡的自动化连续遥测创造了有利条件。电子仪表观测的内容基本上能实现连续观测，自动采集、存储、打印和显示观测数据。远距离无线传输是该方法最基本的特点，由于其自动化程度高，可全天候连续观测，故省时、省力且安全。远距离无线传输是当前和今后一个时期滑坡监测发展的方向。边坡监测的主要内容见表 6.1。

表 6.1 边坡监测的主要内容

监测内容	主要监测方法	主要监测仪器	监测方法的特点	适用性评价
地表变形	大地测量法（三角交会法、几何水准法、小角法、测距法、视准线法）	经纬仪 水准仪 测距仪	投入快，精度高，监测范围大，直观，安全，便于确定滑坡位移方向及变形速率	适用于不同变形阶段的位移监测；受地形通视和气候条件影响，不能连续观测
		全站式速测仪、电子经纬仪等	精度高，速度快，自动化程度高，易操作，省人力，可跟踪自动连续观测，监测信息量大	适用于不同变形阶段的位移监测；受地形通视条件的限制，适用于变形速率较大的滑坡水平位移及危岩陡壁裂缝变化监测；受气候条件影响较大
	近景摄影法	陆摄经纬仪等	监测信息量大，省人力，投入快，安全，但精度相对较低	适用于变形速率较大的边坡水平位移及危岩陡壁裂缝变化监测；受气候影响较大
	GPS 法	GPS 接收机	精度高，投入快，易操作，可全天候观测，不受地形通视条件限制；目前成本较高，发展前景可观	适用于边坡体不同变形阶段地表三维位移监测
	测缝法（人工测缝法、自动测缝法）	钢卷尺、游标卡尺、裂缝测量仪、伸缩自记仪、测缝仪、位移计等	人工、自动测缝法投入快，精度高，测程可调，方法简易直观，资料可靠；遥测法自动化程度高，可全天候观测，安全、速度快，省人力，可自动采集、存储、打印和显示观测值，资料需要用其他监测方法校核后使用	人工、自动测缝法适应于裂缝量测岩土体张开、闭合、位错、升降变化的监测

监测内容	主要监测方法	主要监测仪器	监测方法的特点	适用性评价
地下变形	测斜法（钻孔测斜法、竖井）	钻孔测斜仪、多点倒锤仪、倾斜计等	精度高，效果好，可远距离测试，易保护，受外界因素干扰少，资料可靠；但测程有限，成本较高，投入慢	主要适用于边坡变形初期，在钻孔、竖井内测定边坡体内不同深度的变形特征及滑带位置
	测缝法（竖井）	多点位移计、井壁位移计、位错计等	精度较高，易保护，投入慢，成本高；仪器、传感器易受地下浸湿、锈蚀	一般用于监测竖井内多层堆积物之间的相对位移。目前多因仪器性能、量程所限，主要适应于初期变形阶段，即小变形、低速率、观测时间相对短的监测
	重锤法	重锤、极坐标盘、坐标仪、水平位错计等	精度高，易保护，机测直观、可靠；电测方便，测量仪器便于携带；但受潮湿、强酸、碱锈蚀等影响	适用于上部危岩相对下部稳定岩体的下沉变化及软层或裂缝垂直向收敛变化的监测
	沉降法	下沉仪、收敛仪、静力水准仪、水管倾斜仪等		适用于危岩裂缝的三向位移监测和危岩界面裂缝沿洞轴方向位移的监测
	测缝法（洞室）	单向、双向、三向测缝仪、位移计、伸长仪等		
地声	地音测量法	声发射仪地探测仪	可连续观测，监测信息丰富，灵敏度高，省人力；测定的岩石微破裂声发射信号比位移信息超前 3～7d	适用于岩质边坡变形的监测及危岩加固跟踪安全监测，为预报岩石的破坏提供依据
应变	应变测量法	管式应变计、多点位移计、滑动测微计	精度高，易保护，测读直观、可靠；使用方便，测量仪器便于携带	主要适用于测定边坡体不同深度的位移量和滑面（带）位置
水文	观测地下水位	水位自动记录仪	精度高，可连续观测，直观、可靠	适用于坡体不同变形阶段的监测，其成果可作为基础资料使用
	观测孔隙水压	孔隙水压计钻孔渗压计		
	测泉流量	三角堰、量杯等		
	测河水位	水位标尺		
环境因素	测降雨量	雨量计、雨量报警器	精度高，可连续观测，直观、可靠	适用于不同类型边坡及其不同阶段的监测，为边坡工程的稳定性分析评价提供基础资料
	测地温	温度记录仪		
	地震监测	地震监测仪		

6.1.4　边坡变形监测技术的发展趋势

　　光学、电学、信息学、计算机技术和通信技术发展的同时，给边坡变形监测仪器的研究开发带来勃勃生机。未来边坡监测系统能够监测的信息种类和监测手段将越来越丰富，同时某些监测方法的监测精度、采集信息的直观性和操作简便性有所提高。边坡监测技术的发展趋势主要体现在以下两个方面。

1. 调查与监测技术方法的融合

随着计算机的高速发展，地球物理勘探方法的数据采集、信号处理和资料处理能力大幅度提高，可以实现高分辨率、高采样技术的应用；地球物理技术将向二维、三维采集系统发展；通过加大测试频次，实现时间序列的边坡变形破坏监测。

2. 智能传感器的发展

集多种功能于一体、低造价的边坡、滑坡监测智能传感技术的研究与开发，将逐渐改变传统的点线式空间布设模式；由于可以采用网式布设模式，且每个单元均可以采集多种信息，最终可以实现近似连续的三维地质灾害信息采集。

6.2 边坡地表变形监测

边坡岩土体的破坏一般不是突然发生的，破坏前总有相当长时间的变形发展期。通过对边坡岩土体的变形量测，不但可以预测预报边坡的失稳滑动，同时运用变形的动态变化规律来检验边坡治理设计的正确性。边坡地表变形监测包括地表大地测量法、地表裂缝位错位移监测、裂缝多点位移监测、GPS 测量法、近景摄影测量法等。

地表变形（地表位移）监测通常应用的仪器有两类：第一类是大地测量（精度高的）仪器，如红外仪、经纬仪、水准仪、全站仪、GPS 等，这类仪器只能定期地监测地表位移，不能连续监测地表位移变化。当地表明显出现裂隙及地表位移速度加快时，使用大地测量仪器定期测量显然满足不了工程需要，这时应采用能连续监测的设备，如全自动全天候的无线边坡监测系统等。第二类是专门用于边坡变形监测的设备，如裂缝计、钢带和标桩、地表位移伸长计和全自动无线边坡监测系统、光纤应变监测系统等。

6.2.1 设站观测法

设站观测法也称普通测量法。设站观测是在变形边坡地区设置观测桩、站、网，在变形边坡以外的稳定地段设置固定站进行观测。由固定站用经纬仪、水准仪、钢尺等，按时观测边坡变形范围内网点的水平位移和垂直位移。

6.2.1.1 网型布置

设站观测法的观测网型布置，决定于观测区的范围、地形条件以及观测要求，一般采用以下几种网型。

1. 十字形观测网

十字形观测网，如图 6.1 所示，它适用于变形边坡窄长、观测范围不大、滑体滑动主轴明显的情况。此时，可在沿滑体主轴方向布置一排观测点，垂直于主轴方向布置若干排观测点。设点时在同一排上的变形带和稳定区均需有测点控制，以便进行分析对比。固定点可设在主轴剖面上或其他通视地点。此类网点建网和观测都较方便。

2. 放射形观测网

放射形观测网，如图 6.2 所示。适用于通视条件较好、观测范围不太大的变形边坡。

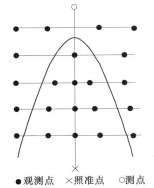

●观测点 ×照准点 ○测点

图 6.1 十字形观测网

在变形边坡以外的稳定地带，选择观测通视条件较好的位置布设 2 个固定测站，从固定测站按放射状设若干条观测线，在测线终点的稳定岩体上设照准牌，定期观测 2 组放射测网交叉点的位移变化。此法的优点是观测时搬镜次数少，可节省人力和时间。但测点布置不甚均匀，靠近测站的测点观测成果较精密。

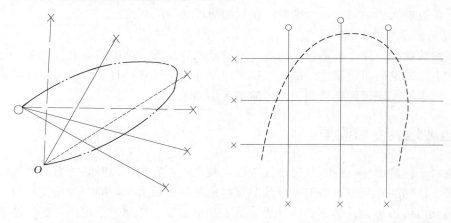

图 6.2　放射形观测网　　　　　　　图 6.3　方格形观测网

3. 方格形观测网

方格形观测网一般适用于地形条件复杂的大型边坡的观测。在观测范围内设置不同方向观测线，使测线纵横交叉，组成方格网形，如图 6.3 所示。观测线数量不限，观测点一般布置在纵横剖面线的交叉点上。此法的优点是：只要求每条测线通视，受地形条件的影响较小，测点分布可任意调整，且分布均匀，观测精度高；缺点是：固定测站多，建网时工作量大，每次观测时，1 个固定测站只能观测 1 条测线，仪器搬动频繁，人力物力消耗大，费时间。

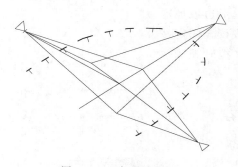

图 6.4　三角形站网图

此外，当观测地区交通极为困难而难以布置大量测点时，可在变形带外围的稳定边坡上设置三角站网，如图 6.4 所示，用以观测变形边坡上少数测点的平面控制变化。另外，除在地表设站观测边坡位移外，为了了解不同高程岩体位移变化的情况，也可在边坡断面上，不同高程处开挖勘探平洞，在洞内设桩观测。根据不同高程岩体位移变化情况，以便研究边坡岩体在某一剖面上的变形规律。观测点可用混凝土将金属杆浇筑于岩体中构成，或以金属杆柱、木桩等直接插入松软的岩土中，前者为控制点，后者适用于工作点。对于任何结构的测点都应符合以下要求：

（1）观测点上部应有清楚的中心，以保证精确测量。

（2）便于观测。

（3）保证桩柱与岩体牢固结合，使观测点能真实反映岩体的位移。观测点设置完毕后，应将其控制点与附近三角测量网建立联系确定其坐标。

至于各次观测的间隔时间，随边坡岩体移动量大小、变形特征、观测目的以及有滑动危险的建筑物等级而定。降雨后应适当增加观测次数，对于正在变形滑动的边坡，要严加监视，必要时应进行昼夜连续观测。观测方法、精度等均需满足测量要求。

滑体除设置观测线观测外，有时还要对滑体上具有特征性的地方如层面、裂隙等处设置专门的观测点进行观测。对边坡虽无明显变形，但有可能发生滑动的地段，为了判定其是否可能发生微小的移动，也应该进行观测，以便及时采取措施。

6.2.1.2 观测工作注意事项

（1）观测网形，一般以方格网形为好，如不能采用正方格网，可采用适应性好的任意方格网形，但主要依据地形、地质情况和设备的技术条件而定，也可根据不同目的采用综合网形或将其简化。

（2）固定测站应选择在变形区以外的稳定地点，宜设置防护桩及负桩，以便校核。固定桩一般用混凝土桩，埋设深度应大于冻结深度以下 0.5m。在不冻区，应埋于地表 0.5～1m 以下。

（3）照准桩应选在变形区外固定地点。

（4）无论照准桩或观测桩都应妥为保护，防止被人畜、滚石破坏。

（5）在观测的同时，应系统搜集水文和气象资料，以及水文地质长期观测和其他观测资料，特别是与变形边坡关系较大的河水位、水库水位、地下水位、降水、温度、地震等资料更应注意搜集。

（6）观测线以大体上平行及垂直滑动方向为佳。布设观测网时，要考虑周全，尽可能避免中途设网线。

（7）观测工作最好在 1d 内完成，由同一人观测，并使用同一台仪器。

（8）观测桩要统一编号，并使用统一的观测记录表格。

6.2.1.3 观测资料的分析整理

一般对变形边坡的观测都是为了分析研究边坡变形破坏的规律，其最基本的观测资料为各观测桩的水平位移和高程变化的数据。对这些数据进行系统分析整理后，据以做出客观的判断。

（1）编制边坡水平位移矢量图及累计水平位移矢量图。将各测桩的水平位移量按一定比例，并按位移的方位绘在各测点处，如图 6.5 所示。从图中可以看出水平位移随时间的变化情况。

（2）编制边坡高程升降矢量图及累计升降矢量图。如图

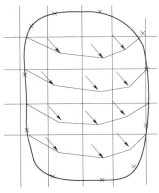

图 6.5　水平位移矢量示意图

6.6 所示，以各测线为基准，横线以上为上升，横线以下为下降，将各点高程的变化按比例（与水平位移矢量图相同）绘在图上。从图中可以看出高程升降随时间的变化情况。

（3）编制水平位移动和高度变化综合图。将上述两种分析图重叠，如图 6.7 所示。从综合图上可圈定滑坡体周界，并确定主滑线。

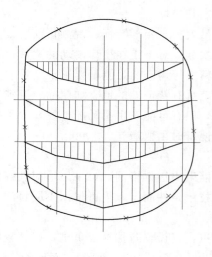 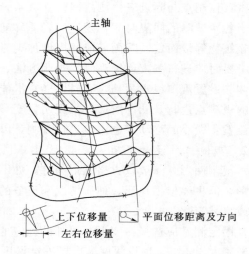

图 6.6 高程升降矢量示意图 　　　　　 图 6.7 滑坡位移矢量图

（4）绘制边坡位移（某点水平位移、垂直位移等）与时间的关系曲线图。从图上可以分析边坡位移的状况与发展趋势，以便为滑坡预报提供依据。通常边坡位移的初始阶段位移的增加比较均匀，在滑坡前发生的一小段时间内，位移常常停顿，其后位移显著增大，这往往是滑坡的预兆。从位移与时间的关系曲线上可以推测出发生滑坡的日期。

（5）绘制变形和地下水位变化的关系曲线，用以观察位移和地下水位以及降水之间的关系。水是产生边坡滑动的活跃因素，因此，雨季往往滑坡比较频繁。

6.2.1.4 位移观测资料的分析判断

（1）根据位移矢量关系，判定滑坡体的个数，如图 6.8 所示。上部观测桩普遍向东移动，而下部桩观测普遍向西移动，可以判定为上、下滑动方向不一致的两个滑坡体。

（2）区分老滑坡体上的局部移动。老滑坡和其上的局部移动的变化规律在时间、方向及位移量上有所不同，据此可以判断在老滑坡上出现的局部移动，如图 6.9 所示。

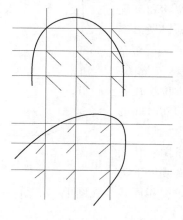 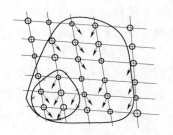

图 6.8 上、下不一致的两个滑坡体 　　　 图 6.9 老滑坡体上的局部移动

（3）确定滑坡体的周界。根据观测桩的位移和位移方向可以确定滑坡的周界，一般滑

坡体群内各个滑坡边缘位置的观测桩，其位移方向向各自的滑体偏移，而两个滑坡中间的观测桩其位移是很小的，由此可以确定若干滑坡体的周界及其范围，如图 6.10 所示。

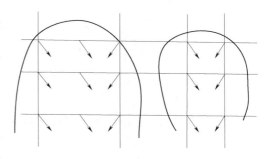

图 6.10 确定滑坡体周界示意图

（4）判定主滑线。在滑坡位移矢量图上，找出每一横排上位移量、下沉量最大的点，将这些点纵向连接起来，就是滑坡体的主滑线，它是滑坡体的滑动方向，如图 6.7 所示的主轴线。

（5）判定滑床形状。当滑坡体只有 1 个滑动面时，各观测桩的合矢量（水平与升降矢量的合矢量）与水平线的夹角 α，常与滑坡床上相应部分的滑动面倾角相似，据此可以推断滑动面的倾角 α，从而也可以定出滑床的形状。即

$$\tan\alpha = \frac{桩高程变动量}{桩水平变动量} \tag{6.1}$$

（6）判断两桩间岩体的受力性质。从两相邻观测桩在平面上同一方向位移累计值比较，可以判断两测桩间的受力性质是受压或是受拉。以此差值与两桩设站初期平均距离的比值来表示其受力的性质。

$$\varepsilon = \frac{\sum\gamma_B - \sum\gamma_A}{L_0} \tag{6.2}$$

式中 ε——单位长度内两桩的变位差，mm/m；

L_0——建桩初期两桩的平均距离，m；

$\sum\gamma_B - \sum\gamma_A$——两桩间累计位移差，mm，当其为正值时，说明两桩间岩体受拉，当其为负值时，说明两桩间岩体受压；因此，用此法可划分滑体上的张拉区和压缩区。

（7）判断边坡岩体的变形特征。当在不同高程的山体内（探洞内）设有多层观测桩时，可根据在同一垂直断面上不同高程观测桩的位移合矢量的大小，判断边坡岩体是一般性滑动、表层滑动、深层滑动或是旋转等。此外，根据各桩间位移量的大小和位移方向可判定滑动体的位置，如图 6.11 所示。

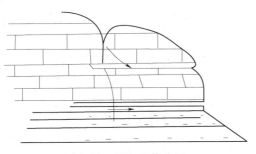

图 6.11 判断滑体位置

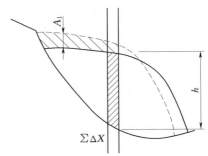

图 6.12 滑坡深度计算示意图

（8）估算滑床的深度。对压缩变形量小、呈整体滑动的边坡，可利用某观测桩以上滑体沉降的面积 F 与该桩顺轴向水平位移 $\sum\Delta X$ 的比值估算该处滑床深度 h，如图 6.12 所示。

$$h = \frac{F}{\sum \Delta X} \tag{6.3}$$

（9）预报边坡滑移破坏的时间。根据位移变化速率及变位与时间的关系曲线可以预报滑坡的时间。

6.2.2　近景摄影测量法

近景摄影测量法是把近景摄影仪安置在两个不同位置的固定测点上，同时对边坡范围内观测点摄影构成成对的立体像，利用立体坐标仪量测相片上各观测点三维坐标的一种方法。其摄影方便，外业省时省力，可以同时测定许多观测点在某一瞬间的空间位置，并且所获得的相片资料是边坡地表变化的实况记录，可随时进行比较。目前，采用近景摄影测量法进行滑坡变形测量时，在观测绝对精度方面还不及某些传统的测量方法，而对于滑坡监测中，可以满足崩滑体处于速变、剧变阶段的监测要求，即适合于危岩临空陡壁裂缝变化或滑坡地表位移量变化速率较大时的监测。

6.2.3　自动化监测网

近年来由于地理信息系统（geography information system，GIS）和全球卫星定位系统（global positioning system，GPS）问世，自动化监测技术又有了很大的发展。在 GIS 支持下，融 GPS、遥感（remote sensing，RS）以及常规监测手段为一体，可建立完整的变形监测系统称为 3S 工程。

6.2.3.1　地理信息系统

地理信息系统是以数字化地图为基础发展起来的多层面多功能数据库的集成，是一种采集、处理、传输、存储、管理、查询检索、分析、表达和应用地理信息的计算机系统，是分析、处理和挖掘海量地理数据的通用技术。它主要包括计算机硬件、软件、地理数据和用户等几个部分。其优势在于把各类实体的空间数据都投影到同一地理坐标系下，把所有属性数据和空间数据有机地联系起来，这种信息表达方式更接近自然实体的客观状态。空间模型、地理参考系、矢量和栅格数据结构是其取长补短，拥有强大信息存储、管理、处理等功能的基本保障。

GIS 强大的分析和处理空间信息的功能可以为复杂因素及其相互作用研究提供有效平台，即利用 GIS 技术可更加有效地对地震滑坡形成机制与影响因素等进行综合分析与研究。对于地震滑坡这种影响因素十分复杂的地质灾害的研究，GIS 技术的引入无疑会起到积极的推动作用。陈晓利等在对 1976 年龙陵地震引发的地震滑坡分布特征研究基础上，结合前人有关中国西南地区地震滑坡特征的研究成果，运用 GIS 技术主要从岩性（坡体物质组成）、水系、地形（坡度）、场地地震烈度、断层等 5 项基本影响因素对坡体地震作用下的稳定性进行了分析，对该区潜在地震滑坡危险区进行了预测。

6.2.3.2　GPS 测量法

GPS 于 1973 年由美国政府组织研制，历经约 20 年，于 1993 年全部建成。目前，GPS 精密定位技术已经广泛渗透到经济建设和科学研究的许多领域，尤其在大地测量及其相关学科领域。GPS 全球定位系统作为一种全新的现代空间定位技术，逐渐取代了常规的光学和电子测量仪器。它以全天候、全球性、高精度、高速度、实时三维定位和误差不随定位时间而积累等优点博得了人们的青睐。近年来，GPS 技术的发展主要表现在接收机体积的减小、观测精度的提高及功耗的减小上，接收机价格也有明显的下降，并且操作更加简便。另外，数据处理技术也有了很大的发展，从而为 GPS 技术的推广和应用奠定了基础。

1. GPS 用于边坡变形监测的优点

（1）测量精度高。GPS 测量的精度要明显高于一般的地面常规测量方法，而且随着距离的增加更为明显。GPS 测量的相对精度一般在 $10^{-5} \sim 10^{-9}$，当距离达到数千米以上时的相对精度通常可以达到 10^{-6} 以上，这是地面常规测量方法很难达到的。

（2）选点灵活，无需建造视标，布网成本低。由于 GPS 测量不要求测站间相互通视，因而不需要建造视标，大大降低了布网成本。另外，GPS 网的整体质量与点位分布没有直接关系，因而选点时只需考虑应用需要和观测条件，这样大大提高了选点的灵活性。

（3）可全天候作业。理论上，GPS 测量可在任何时间和任何气候条件下进行业，有利于按时、高效地完成控制网的建立。

（4）观测时间短，作业效率高。采用 GPS 建立控制网时，在每个测站上的观测时间一般在 $1 \sim 4h$。另外，由于点位通常选择在交通较为便利、人员易于到达的地方，所以迁站所需时间短。

（5）观测、处理自动化。采用 GPS 定位技术建立控制网，观测作业和数据处理的自动化程度高。特别是外业观测，作业人员所需要做的工作通常仅是在测站上按要求架设仪器、进行一些简单的量测和仪器操作以及必要的记录，剩下的观测工作由接收机自动完成，作业人员劳动强度低。

（6）可获得三维坐标。GPS 测量可以直接得到点的三维坐标（大地经、纬度和大地高程），而采用常规测量方法，平面位置和高程通常分别确定。需要指出的是，GPS 测量所确定的高程属于大地高，即相对于参考椭球面的高度，而不是实际应用中通常需要的正高或正常高。当然，GPS 测量也有其局限性。由于进行 GPS 观测要求对空通视，因而不能在地下、桥下、隧道内等无法对空通视或树木茂盛及测站周围高层建筑密集等对空通视条件差的区域进行测量。另外，对于距离短（数百米以内）但绝对精度要求高（$1 \sim 2mm$）的测量应用，如某些精密工程或工业测量，GPS 测量方法在效率和可靠性方面还不及高精度的地面测量方法。

2. GPS 定位原理

GPS 进行定位的方法，根据用户接收机天线在测量中所处的状态来分，可分为静态定位和动态定位；若按定位的结果进行分类，则可分为绝对定位和相对定位。

所谓绝对定位，是在 WGS—84 坐标系中，独立确定观测站相对地球质心绝对位置的方法。相对定位同样在 WGS—84 坐标系中，确定的则是观测站与某一地面参考点之间的相对位置，或两观测站之间相对位置的方法。

所谓静态定位，即在定位过程中，接收机天线（待定点）的位置相对于周围地面点而言处于静止状态。而动态定位正好与之相反，即在定位过程中，接收机天线处于运动状态，也就是说定位结果是连续变化的，如用于飞机、轮船导航定位的方法就属于动态定位。

各种定位方法还可有不同的组合，如静态绝对定位、静态相对定位、动态绝对定位、动态相对定位等。现就测绘领域中最常用的静态定位方法的原理做简单介绍。

利用 GPS 进行定位的基本原理，是以 GPS 卫星和用户接收机天线之间距离（或距离差）的观测量为基础，并根据已知的卫星瞬时坐标来确定用户接收机所对应的点位，即待定点的三维坐标（X，Y，Z）。

$$\left[(x_{si}-X)^2+(y_{si}-Y)^2+(z_{si}-Z)^2\right]^{\frac{1}{2}}-c\delta_{t_b}=\tilde{\rho}_i+(\delta\rho_i)_{\mathrm{ion}}+(\delta\rho_i)_{\mathrm{trop}}-c\delta_{t_{ai}}$$
$$(i=1,2,3,4,\cdots) \tag{6.4}$$

式中各符号的脚注 i 表示观测的 4 颗（或以上）卫星的序号，第 i 颗卫星发射信号瞬间的钟差 $\delta_{t_{ai}}$ 可以根据卫星导航电文中的时钟改正参数计算出来。

当式（6.4）卫星的个数大于 4 时，可用最小二乘法求解。

3. GPS 监测实施

（1）选点要求。GPS 监测网在实地选点时既要满足 GPS 观测条件，又要考虑监测控制的要求。因此应该注意以下几点：

1）测站点位置开阔，倾角 15°以上无障碍物。

2）测站点应避开大功率无线电发射台、雷达站和高压输电线。

3）20～30m 以内无突出竖面反身物，以避免引起多路径干扰。

4）点位应顾及常规加密时便于应用，每一测站点需有两个以上的 GPS 点保持通视。

5）点位可采用强制对中观测墩，尤要考虑免遭破坏，易于长期保存。

6）注意交通方便和作业安全。

（2）关于布网。利用 GPS 技术进行测量定位，由于测站间无须通视，而最后求得的是测站点三维坐标。所以笼统地讲，在地面上建立的是一组点组。从这个意义上看，似乎不存在网的概念。但是，为了满足测量作业的精度要求，只能依据相对定位原理进行工作。某点相对某点其间有着必要的联系，同时还要考虑引进多余观测构成图形，用闭合差来检验观测成果和提高精度。因此，GPS 测量一般也布设成网。当然，GPS 网已不同于常规网，不一定要构成三角形。可以根据需要和仪器数量采用导线网等多种形式。

由于变形监测点的分布不同，需要布测控制点的密度是不均衡的。因此，可以根据实际情况进行布测。

（3）观测纲要。

1）同时跟踪卫星数。目前，GPS 系统已有 17 颗卫星可以工作，采用完全投入运行后的星座，同时可见卫星数多达 10 颗，Ashtech Xll 型接收机具备这样的跟踪能力。在 GPS 观测中，同一时段要求同时跟踪卫星数均不得少于 4 颗。

2）观测时段。观测时段的长短取决于边长、精度和同时跟踪的卫星数。精度要求越高，边越长，所需要观测时间也越长。控制网观测时段个数应不小于 2，时段长度 2～3h。

3）图形强度因素。卫星的几何分布是影响 GPS 定位精度的重要因素。图形强度因子顾及对空间坐标系和时间有关的部分用 PDOP 来表示。按照接收 4 颗卫星信号，最佳情况 PDOP=3.073，控制网 PDOP<6。

GPS 作为一种新方法，由于其硬件和软件的发展和完善，特别是高采样率 GPS 接收机的出现，在动态特性和变形监测方面已表现出独特的优越性。

4. GPS 变形监测自动化系统

GPS 变形监测自动化系统由数据采集、数据传输、数据处理三部分组成。

（1）数据采集。GPS 数据采集分基准点和监测点两部分，由 7 台 AshtechZ-12GPS 接收机组成。为提高大坝监测的精度和可靠性，监测基准点宜选两个，点位应满足地质条件好、点位稳定且能满足 GPS 观测条件；监测点要能反映边坡变形，并能满足 GPS 观测条件。

（2）数据传输。根据现场条件，GPS 数据传输可采用有线、无线或两者相结合的方法。

（3）GPS 数据处理分析和管理。系统 GPS 接收机将实时观测资料传输至控制中心进行处理、分析、存储，系统反应时间小于 10min（即从每台 GPS 接收机传输数据开始，到处理、分析、变形显示为止，所需时间小于 10min）。为此，必须建立一个局域网和一个完善的软件管理、监控系统。

整个系统全自动，应用广播星历 1～2h，GPS 观测资料解算的监测点位水平精度优于 1.5mm（相对于基准点）。垂直精度优于 1.5mm（相对于基准点）；应用广播星历 6h 后，GPS 观测资料计算水平精度优于 1mm（相对于基准点），垂直精度优于 1mm（相对于基准点）。GPS 数据处理分析和管理如图 6.13 所示。

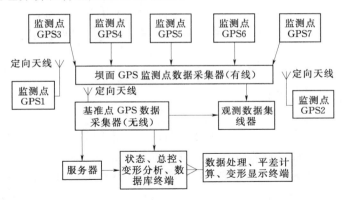

图 6.13　GPS 数据处理分析和管理

5. GPS 一机多天线监测系统

GPS 一机多天线监测系统主要包括 GPS 多天线控制器、天线阵列组、传输系统（包括信号放大器）、供电系统、基准站系统和数据处理等模块。一机多天线控制器的硬件部分由具有多通道的微波开关、相应的微波开关控制电路、1 台 GPS 接收机及相应的处理芯片组成。GPS 多天线控制器的供电为交流、直流两用，还可以外接太阳能、风能发电等。非常适合在边坡的恶劣环境中使用。

与传统的 GPS 监测方案相比，采用 GPS 一机多天线监测系统后，由于每个监测点不必设专门的接收机，所需的双频 GPS 接收机将大大减少，整个系统的造价也随之下降。但 GPS 一机多天线监测系统并没有因为系统造价降低而降低监测的精度。同时，多天线监测系统的方案还有一些独特优点，比如常规 GPS 监测方法的测点布设更为灵活，系统维护和升级更为简单，因此，应用前景十分广阔。

综上所述，GPS 技术以其全天候、高精度、高速度、实时三维定位、误差不随定位时间而积累、高自动化等优点，优于传统的测量技术，对于变形监测是一种非常有效的方法。特别是在大型工程中应用一机多天线监测系统，不但能大幅度降低成本，而且，其精度不会降低，既提高了工作效率，又节省了大量的人力物力。

6.2.3.3 遥感遥测系统

遥感（RS）是指通过某种传感器装置，在不与被研究对象直接接触的情况下，获取其特征信息（一般是电磁波的反射辐射和发射辐射），并对这些信息进行提取、加工、表达和应用的科学和技术。遥感技术包括传感器技术，信息传输技术，信息处理、提取和应用技术，目标信息特征的分析与测量技术等。遥感技术按遥感仪器所选用波谱性质分为：电磁波遥感、声纳遥感和物理场（如重力和磁力场）遥感；按感测目标能源作用分为主动式遥感和被动式遥感；按记录信息表现形式分为图像方式和非图像方式；按遥感器使用平台分为卫星遥感、航空遥感和地面遥感；按遥感应用领域分为地球资源遥感、环境遥感、气象遥感和海洋遥感等。

遥感已被用来监测地表变形，如大面积的地貌调查和地质灾害监测。从卫星遥感和航空遥感这两类七种不同遥感影像的特征：不难看出，只有 Radarsat 的 Radar 影像和 ERS-1、ERS-2 的 Radar 影像可以实现全天候的监测，但它们的监测周期却分别为 24d 和 35d，其分辨率也为 8~12m；其他五种，虽然其分辨率略有提高，但却需晴好无云的天气状况。而地质灾害的发生，一般都在恶劣的气候条件下，因此，目前遥感技术还有待进一步提高。

6.3 边坡表面裂缝量测

山坡和建筑物（挡土墙、房屋、水沟、路面等）上的裂缝是滑坡变形最明显的标志。对这些裂缝进行监测是最简单易行又最直接的监测，在整个监测系统中是首先要采用的。

（1）最简单的一种方法是在滑坡周界两侧选择若干个点，在动体和不动体上各打入一根桩（木桩或钢筋），埋入土中的深度不小于 1.0m，桩顶各钉一小钉或做十字标记，定时用钢尺测量两点间的距离，即可求出两桩间距的变化，如图 6.14（a）所示。若在不动体上设两个桩，滑动体上设一个桩，形成一个三角形，从三边长度变化可求出滑动体的移动方向和数值。

一般在滑坡主轴断面上的后壁和前缘出口处应设两组桩，以便测出滑坡的绝对位移值和平均位移速度。图 6.14（b）为标尺测量法，即在两观测桩露出地面的部分刻上标尺（或另加标尺），一个水平，一个垂直。设桩后测出其初始读数，以后随时测记水平和垂直尺上的读数，不用另外丈量即可求出滑动体的水平位移和垂直升降值。一般距离增大和下沉为正，反之为负。

（2）为了能同时测出滑动体的位移大小和方向，还可用图 6.15 所示的方法，在不动体上水平打入一根桩，测量时在桩上吊一垂球，垂球下的动体上设一混凝土墩，墩顶面画上方格坐标，即可测出移动的数值和路径。若垂球线长度固定，还可大致测出滑体的沉降量。

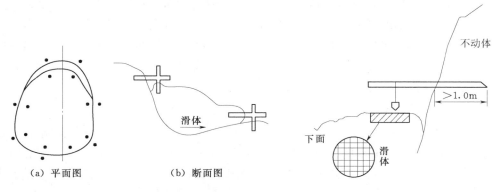

（a）平面图 （b）断面图

图 6.14 简易监测测桩示意图 图 6.15 垂球法监测示意图

（3）建筑物上的裂缝监测可以在裂缝两侧设固定点（如涂油漆）用尺量距，也可在缝上贴水泥砂浆片（贴片处必须清洗凿毛以便粘贴牢固），观测水泥砂浆片被拉裂、错开等情况，如图 6.16 所示。

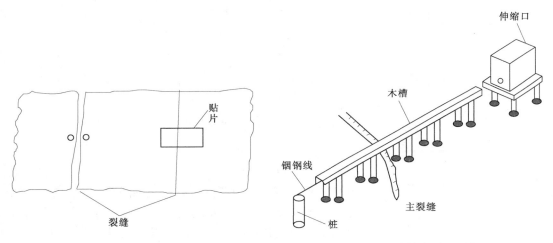

图 6.16 建筑物裂缝贴片监测 图 6.17 滑坡自动记录仪

（4）滑坡裂缝和位移监测，国外广泛地使用了滑坡记录仪（也叫伸缩计、滑坡计），如图 6.17 所示。它是一个带计时钟的滚筒记录装置，固定在裂缝外的不动体上，滑体上设观测点，观测点与记录仪之间的距离以 15m 左右为宜。中间拉一钢钢丝（如 $\phi0.5mm$），钢钢丝外应设塑料管或木槽保护以防动物碰撞。位移随时间的变化记录在记录纸上。一周或一月换一张记录纸，可连续记录。此记录仪还可带报警器，当位移达到规定数值时，自动报警。

6.4 边坡内部变形监测

理论上假定滑坡为整体位移，实际上它随滑体的结构而异，板状顺层岩石滑动，或滑体相对密实、含水较少的滑体多整体滑移，滑动面至地面各点位移量基本相同或非常接近。旋转滑动、滑体含水量较高者，滑体内的位移和地面常不一致。更重要的是人们十分关心滑动面位置的测定，因为仅靠地质上钻孔岩芯的鉴定和分析，对位移较小的滑坡，很难判定是哪一层在动，滑动面判定不准确，不是造成浪费，就是造成工程失败。这就使人们对边坡地下位移监测产生了兴趣。

6.4.1　简单地下位移监测

1. 塑料管钢棒观测法

在钻孔中埋入塑料管（联结要光滑）到预计滑动面以下 3～5m，然后定期用直径略小于管内径的钢棒放入管中测量。当滑坡位移将塑料管挤弯时（图 6.18），钢棒在滑面处被阻就可以测出滑动面的位置。这种方法只能测出上层滑动面的位置。当滑动面多于两层时，可以事先放一钢棒在孔底，用提升的办法测下层滑带的位置。

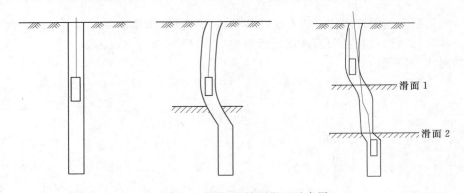

图 6.18　塑料管-钢棒测滑面示意图

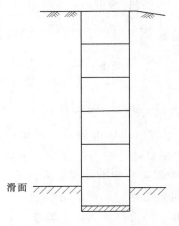

图 6.19　变形井观测

2. 变形井监测

为了观测地面以下各点的位移，可以利用勘探井，在井中放置一串叠置的井圈（混凝土圈或钢圈），如图 6.19 所示。圈外充填密实，从地面上向井底稳定层吊一垂球做观测基线。当各个圈随滑坡位移而变位时，即可测出不同深度各圈的位移量，并可判定滑动面的位置。

3. 剪切带

剪切带的作用是探测滑动面的位置，其构造如图 6.20 所示。剪切带的衬带 1 由柔软的酚质材料制成，衬带的两侧有 2 条平行的铜质薄膜 2，铜膜之间按一定距离并联若干电阻丝 3，电阻丝间距大小按测量要求而确定，可采用 10～100cm。整个剪切带的外面有橡胶保护层，对已发生移动的边坡，需要了解滑动面的确切位置，可用剪切带测出。

它的工作原理是：在需要测定的地方钻孔，深度需穿过可能的滑动面，然后将剪切带放入钻孔内，用水泥砂浆将它和岩体固结成整体。剪切带铜膜的上、下两端各有导线穿过橡胶保护层引出地面，能分别构成闭合电路。当边坡发生滑动时，剪切带将被剪断，铜膜错开后电流不能在断开处通过，电流在上半段和下半段2个铜片之间经电阻丝分别构成单独的闭合回路，通过电表可测出各个回路电阻值。按测定的结果，测量剪切带上、下端至断开处的长度，从而可确定出破坏面的位置。使用这种方法只能确定滑动面的位置，不能测出位移量。

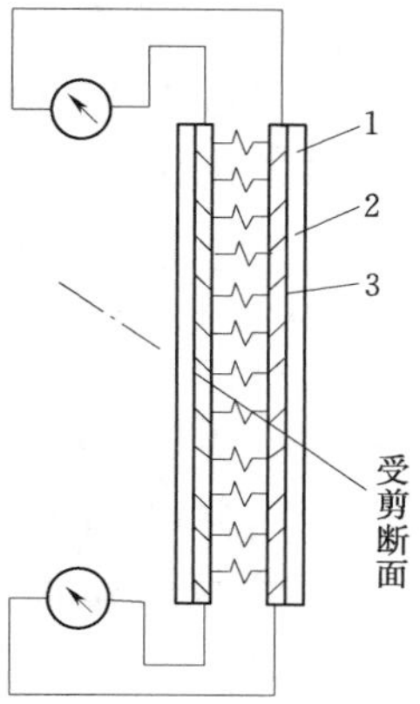

6.4.2 应变管监测

日本人最早将应变管用于监测滑坡的地下位移和滑动面位置。所谓应变管，就是将电阻应变片粘贴于硬质聚氯乙烯管或金属管上，埋入钻孔中，管外充填密实，管随滑坡位移而变形，电阻应变片的电阻值也跟着变化，由此分析判断出地下位移和滑动面的位置。

图 6.20　剪切带
1—酚质衬带；2—铜质薄膜；
3—电阻丝

6.4.3 固定式钻孔测斜仪监测

从 20 世纪 50 年代开始人们就着手研制测斜仪，以便下入钻孔中测定土体的侧向位移，先后出现过多种形式，目前较多采用的有以下三种。

1. 惠斯登电桥摆锤式

由一个单摆在阻力线圈中做磁性阻尼摆动，把角度变成电信号。一个探头测一个平面方向的变化。

2. 应变计式

摆锤上部的刚性薄片上贴电阻应变片或振动弦应变计进行角度变化测量，仍是变为电信号，一个探头测一个平面方向的变化。

3. 加速度计式

加速度计式是一个封闭环伺服加速度计电路，如图 6.21 所示，一个探头也在一个平面内测量。一般每套（双轴的）用两个探头。

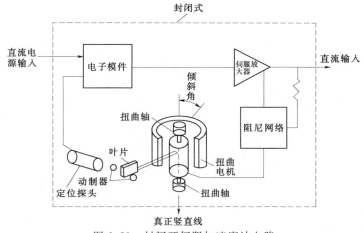

图 6.21　封闭环伺服加速度计电路

6.4.4　钻孔伸长计监测

钻孔内测量岩体移动时，常采用钻孔伸长计测量钻孔轴向的位移量。伸长计既可用来进行岩体浅部的位移量测，也可用来进行岩体深部的位移量测。目前国内使用的类型较多，以下介绍几种常用的类型。

1. 简易钻孔伸长计

武汉钢铁公司大冶铁矿在 I 号滑体的量测中使用了自制的简易钻孔伸长计，如图 6.22 所示。其安装方法与测量原理是：在一根外径为 50mm、壁厚为 3mm 的塑料管上（其长度按测量深度而定），按要求布置测点，在测点处的管壁上沿直径方面钻一直径为 1.5mm 的小孔，将直径为 1mm 的钢丝与 8 号钢丝相扭在一起，并同时在塑料管上缠绕 2 圈。然后将 8 号钢丝扭紧，这时直径为 1mm 的钢丝就被 8 号钢丝捆紧在塑料管上。将钢丝一端留一小段（约 10cm）在管外，另一端从管壁的小孔穿入管内，再从管内引至管口外标出测点标号。在塑料管内充满黄油，以防钢丝生锈。最后将塑料管送入钻孔中，塑料管与孔壁之间注入水泥砂浆，使之与孔壁岩体黏结，这样将塑料管和留在管外的一段钢丝固定在预定的测量位置。在孔口的钢丝头上系一重锤，当塑料管某处受力变形时就牵动钢丝使锤下移，这时便可了解测孔内岩体的移动情况。

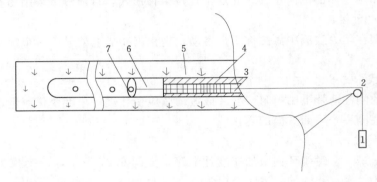

图 6.22　钻孔伸长计
1—重锤；2—支撑导轮；3—黄油；4—塑料管；
5—水泥砂浆；6—钢丝；7—8 号钢丝

2. 钻孔多点精密伸长计

这种伸长计可探测岩体是否移动以及不同深度岩体的位移量。即当边坡表面未显示出明显的位移，需要了解岩体是否沿潜在滑动面发生移动，可打一钻孔穿过滑动面的上下盘，把能传递岩体位移的若干条（一般为 6 条）金属丝的一端在不同深度处锚在孔壁上，上锚固点应选择在地质结构面的上下盘，把金属丝的另一端固定在变形敏感的悬臂式薄片上，其上贴有应变片，薄片如有微小的变形就可由电阻应变仪测出，这样便可知道钻孔内岩体移动的情况。在钻孔内布点方法，如图 6.23（a）所示。钻孔多点精密伸长计的构造，如图 6.23（b）、（c）所示。

6.4.5　活动式测斜仪监测

钻孔倾斜仪运用到边坡工程中的时间不长，它是测量垂直钻孔内测点相对于孔底的位

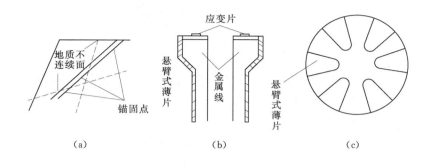

图 6.23　钻孔多点精密伸长计使用示意图

移（钻孔径向）。观测仪器一般稳定可靠，测量深度可达百米且能连续测出钻孔不同深度的相对位移的大小和方向。因此，这类仪器是观测岩土体深部位移、确定潜在滑动面和研究边坡变形规律较理想的手段，目前在边坡深部位移量测中得到广泛采用。如大冶铁矿边坡、长江新滩滑坡、黄蜡石滑坡、链子崖岩体破坏等均运用了此类仪器进行岩土深层位移观测。

6.5　边坡变形量测资料的处理与分析

边坡的变形测量数据的处理与分析，是边坡监测数据管理系统中一个重要的研究内容，可用于对边坡未来的状况进行预报、预警。边坡变形数据的处理可以分为两个阶段，一是对边坡变形监测的原始数据的处理，该项处理主要是对边坡变形测试数据进行干扰消除，以获取真实有效的边坡变形数据，这一阶段可以称为边坡变形量测数据的预处理。边坡变形数据分析的第二阶段是运用边坡变形量测数据分析边坡的稳定性现状，并预测可能出现的边坡破坏，建立预测模型。

6.5.1　边坡变形量测数据的预处理

在自然及人工边坡的监测中，各种监测手段所测出的位移历时曲线均不是标准的光滑型曲线。由于受到各种随机因素的影响，例如，测量误差、开挖爆破、气候变化等，绘制的曲线往往具有不同程度的波动、起伏和突变，多为振荡型曲线，使观测曲线的总体规律在一定程度上被掩盖，尤其是那些位移速率较小的变形体所测的数据受外界影响较大，使位移历时曲线的振荡表现更为明显。因此，去掉干扰部分增强获得的信息，使具突变效应的曲线变为等效的光滑曲线显得十分必要，它有利于判定不稳定边坡的变形阶段及进一步建立其失稳的预报模型。目前在边坡变形量测数据的预处理中较为有效的方法是采用滤波技术。

在绘制变形测点的位移历时过程曲线中反复运用离散数据的邻点中值做平滑处理，使原来的振荡曲线变为光滑曲线，而中值平滑处理就是取两相邻离散点之中点作为新的离散数据。如图 6.24 所示，其中点 $1'$、$2'$、$3'$、$4'$为点 1、2、3、4、5 中值平滑处理后得到的新点。

平滑滤波过程是先用每次监测的原始值算出每次的绝对位移量，并作出时间—位移过程曲线，该曲线一般为振荡曲线，然后对位移数据做 6 次平滑处理后，可以获得有规律的光滑曲线（图 6.25）。

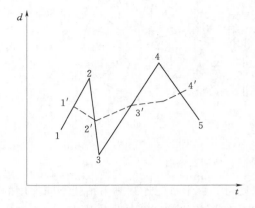

图 6.24　平滑滤波处理示意图

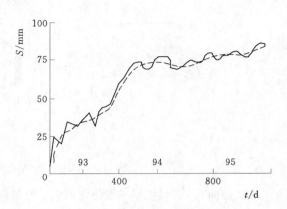

图 6.25　某实测曲线的平滑滤波处理曲线

6.5.2　边坡变形状态的判定

一般而言，边坡变形典型的位移历时曲线如图 6.26 所示，分为三个阶段。

第一阶段为初始阶段（AB 段），边坡处于减速变形状态；变形速率逐渐减小，而位移逐渐增大，其位移历时曲线由陡变缓。从曲线几何上分析，曲线的切线角由大变小。

第二阶段为稳定阶段（BC 段），又称为边坡等速变形阶段；变形速率趋于常值，位移历时曲线近似为一直线段，直线段切线角及速率近似恒值，表征为等速变形状态。

第三阶段为非稳定阶段（CD 段），又称加速变形阶段；变形速率逐渐增大，位移历时曲线由缓变陡，因此曲线反应为加速变形状态，同时亦可看出切线角随速率的增大而增大。

可以看出位移历时曲线切线角的增减可反应速度的变化。若切线均不断增大说明变形速度也不断增大，即变形处于加速阶段；反之，则处于减速变形阶段；若切线角保持一常数不变，亦即变形速率保持不变，处于等速变形状态。根据这一特点可以判定边坡的变形状态，具体分析步骤如下：

首先将滤波获得的位移历时曲线上每个点的切线角分别算出，然后放在如图 6.27 所示的坐标中。

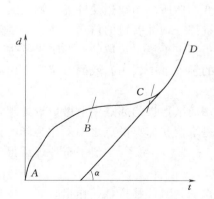

图 6.26　边坡变形的典型曲线形状

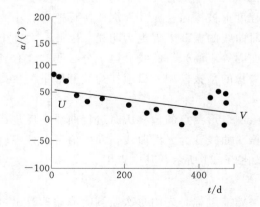

图 6.27　切线角-时间线性关系图

纵坐标为切线角，横坐标为时间。对这些离散点作一元线性回归，求出能反映其变化趋势的线性方程：

$$\alpha = At + B \tag{6.5}$$

式中 α——切线角；

A、B——待定系数。

当 $A < 0$ 时，上式为减函数，随着 t 的增大，α 变小，变形处于减速状态；当 $A = 0$ 时，α 为一常数，变形处于等速状态；当 $A > 0$ 时，上式为增函数，α 随 t 的增大而增大，变形处于加速状态。

A 值由一元线性回归中的最小二乘法得

$$A = \frac{\sum_{i=1}^{n}(t_i - \bar{t})(\alpha_i - \bar{\alpha})}{\sum_{i=1}^{n}(t_i - \bar{t})^2} \tag{6.6}$$

式中 i——时间序数，$i = 1,2,3,\cdots,n$；

t_i——第 i 点的累计时间；

$\bar{t}$——各点累计时间的平均值（$\bar{t} = \frac{1}{n}\sum_{i=1}^{n}t_i$）；

α_i——滤波曲线上第 i 个点的切线角；

$\bar{\alpha}$——各切线角的平均值（$\bar{\alpha} = \frac{1}{n}\sum_{i=1}^{n}\alpha_i$）。

6.5.3 边坡变形的预测分析

经过滤波处理的变形观测数据，除可以直接用于边坡变形状态的定性判定外，更主要的是可以用于边坡变形或滑动的定量预测。定量预测需要选择恰当的分析模型，通常可以采用确定性模型和统计模型。但在边坡监测中，由于边坡滑动往往是一个极其复杂的发展演化过程，采用确定性模型进行定量分析和预报是非常困难的，因此目前常用的手段还是传统的统计分析模型。

统计模型有两种，一种是多元回归模型，另一种是近年发展起来的非线性回归模型。多元回归模型的优点是能逐步筛选回归因子，但对除了时间因素外，其他因素的分析仍然非常困难和少见；非线性回归模型在许多的情况下能较好地拟合观测数据，但使用非线性回归的关键是如何选择合适的非线性模型及参数。对于多元线性回归，即

$$y = a_0 + \sum a_i t^i \tag{6.7}$$

式中 a_i——待定系数。

对于非线性回归分析，应根据实际情况选择回归模型，如朱建军提出的生物增长曲线型模型，即

$$y = y_m[1 - \exp(-at^b)] + c \tag{6.8}$$

式中 a、b、c——待定参数；

y_m——可能的最大滑动值；

t——时间变量。

在对整个边坡的各监测点进行回归分析、求出各参数后，就可以根据各参数值对整个边坡状态进行综合定量分析和预测。通常情况下，非线性回归比线性回归更能直观反映边坡的滑动规律和滑动过程，并且在绝大多数情况下，非线性回归模型更有利于对边坡滑动的整体分析和预测，这对变形观测资料的物理解释有着十分重要的理论与实际意义。

6.6 边坡应力监测

在边坡处治监测中的应力监测包括边坡内部应力监测、支护结构应力监测、锚杆（索）预应力监测。

6.6.1 边坡内部应力测试

边坡内部应力监测可通过压力盒量测滑带承重阻滑力和支挡结构（如抗滑桩等）受力，以了解边坡体传递给支挡工程的压力及支护结构的可靠性。压力盒根据测试原理可以分为液压式和电测式两类，见表 6.2。液压式的优点是结构简单、可靠、现场直接读数，使用比较方便；电测式的优点是测量精度高，可远距离和长期观测。目前在边坡工程中多用电测式压力测力计。电测式压力测力计又分为应变式、钢弦式、差动变压式、差动电阻式等。表 6.2 是国产常用压力盒类型、使用条件及优缺点。

表 6.2 　　　　　　　　　　　压力盒的类型及使用特点

工作原理	结构及材料	使用条件	优缺点
单线圈激振型	钢丝卧式 钢丝立式	测土压力、岩压力	1. 构造简单； 2. 输出间歇非等幅衰减波，不适用动态测量和连续测量，难于自动化
双线圈激振型	钢丝卧式	测土压力、土、岩压力	1. 输出等幅波，稳定、电势大； 2. 抗干扰能力强，便于自动化； 3. 精度高，便于长期使用
钢丝压力盒	钢丝立式	测土压力、土压力	1. 刚度大，精度高，线性好； 2. 温度补偿好，耐高温； 3. 便于自动化记录
钢丝摩擦压力盒	钢丝卧式	测井壁与土层间摩擦力	只能测与钢筋同方向的摩擦力

在现场进行实测工作时，为了增大钢弦压力盒接触面，避免由于埋设接触不良而使压力盒失效或测值很小，有时采用传压囊增大其接触面。囊内传压介质一般使用机油，因其传压系数可接近 1，而且油可使负荷以静水压力方式传到压力盒，也不会引起囊内锈蚀，便于密封。

压力盒的性能好坏直接影响压力测量值的可靠性和精确度。对于具有一定灵敏度的钢弦压力盒，应保证其工作频率，特别是初始频率稳定，压力与频率关系的重复性好；因此在使用前应对其进行各项性能试验，包括钢弦抗滑性能试验、密封防潮试验、重复性试验及压力盒的标定等。在埋设压力盒时应根据测试目的、对象、观测设计来布置压力盒。压力盒的埋设虽较简单，但由于体积大、较重，给埋设工作带来一定的困难。埋设压力盒总的要求是接触紧密和平稳，防止滑移，不损伤压力盒及引线。

6.6.2 岩石边坡地应力监测

边坡地应力监测主要是针对大型岩石边坡工程，为了了解边坡地应力或在施工过程中地应力变化而进行的一项重要监测工作。地应力监测包括绝对测量和地应力变化监测。绝对应力测量在边坡开挖前和边坡开挖中期及边坡开挖完成后各进行一次，以了解三个不同阶段的地应力情况，采用的方法一般是深孔应力解除法。地应力变化监测即在开挖前，利用原地质勘探平洞埋设应力监测仪器，以了解整个开挖过程中地应力变化的全过程。

对于绝对应力测量，目前国内外使用的方法均是在钻孔、地下开挖或露头面上刻槽而引起岩体中应力的扰动，然后用各种探头量测由于应力扰动而产生的各种物理量变化的方法来实现。总体上可分为直接测量法和间接测量法两大类。直接测量法是指由测量仪器所记录的补偿应力、平衡应力或其他应力量直接决定岩体的应力，而不需要知道岩体的物理力学性质及应力应变关系，如扁千斤顶法、水压致裂法、刚性圆筒应力计及声发射法均属于此类。间接测量法是指测试仪器不是直接记录应力或应变变化值，而是通过记录某些与应力有关的间接物理量的变化，然后根据已知或假设的公式，计算出现场应力值，这些间接物理量可以是变形、应变、波动参数、密度、放射性参数等，如应力解除法、局部应力解除法、应变解除法、应用地球物理方法等均属于间接测量法这一类。关于绝对应力测量可参阅相关岩石力学的书籍。

对于地应力变化监测，由于要在整个施工过程中实施连续测量，因此量测传感器长期埋设在量测点上。目前应力变化监测传感器主要有 Yoke 应力计、国产电容式应力计及压磁式应力计等。

1. Yoke 应力计

Yoke 应力计为电阻应变片式传感器，该应力计在三峡工程船闸高边坡监测中使用。它由钻孔径向互成 60° 的 3 个应变片测量元件组成。根据读数可以计算测点部位岩体垂直于钻孔平面上的二维应力。

2. 电容式应力计

电容式应力计最初主要用于地震测报中监测地应力活动情况，其结构与 Yoke 应力计类似，也是由垂直于钻孔方向上的 3 个互成 60° 的径向元件组成。不同之处是 3 个径向元件安装在 1 个薄壁钢筒中，钢筒则通过灌浆与钻孔壁固结在一起。

3. 压磁式应力计

压磁式应力计由 6 个不同方向上布置的压磁感应元件组成，即 3 个互成 60° 的径向元件和 3 个与钻孔轴线成 45° 夹角的斜向元件组成。从理论上讲，压磁式应力计可以量测测点部位岩体的三维应力变化情况。

6.6.3 边坡锚固应力测试

在边坡应力监测中除了边坡内部应力、结构应力监测外，对于边坡锚固力的监测也是一项极其重要的监测内容。边坡锚杆锚索的拉力的变化是边坡荷载变化的直接反映。

1. 锚杆轴力量测

锚杆轴力量测的目的在于了解锚杆实际工作状态，结合位移量测，修正锚杆的设计参数。锚杆轴力量测主要使用的是量测锚杆。量测锚杆的杆体是用中空钢材制成，其材质同锚杆一样。量测锚杆主要有机械式和电阻应变式两类。

机械式量测锚杆是在中空的杆体内放入 4 根细长杆，将其头部固定在锚杆内预定的位置上。量测锚杆一般长度在 6m 以内，测点最多为 4 个，用千分表直接读数。量出各点间的长度变化，计算出应变值，然后乘以钢材的弹性模量，便可得到各测点间的应力。通过长期监测可以得到锚杆不同部位应力随时间的变化关系。

电阻应变片式量测锚杆是在中空锚杆内壁或在实际使用的锚杆上轴对称贴 4 块应变片，以 4 个应变的平均值作为量测应变值，测得的应变再乘以钢材的弹性模量，得各点的应力值。

2. 预应力锚索应力监测

对预应力锚索应力监测，其目的是为了分析锚索的受力状态、锚固效果及预应力损失情况，因预应力的变化将受到边坡的变形和内在荷载的变化影响，通过监控锚固体系的预应力变化可以了解被加固边坡的变形与稳定状况。通常一个边坡工程长期监测的锚索数不少于总数的 5%。监测设备一般采用圆环形测力计（液压式或钢弦式）或电阻应变式压力传感器。

锚索测力计的安装是在锚索施工前期工作中进行的，其安装全过程包括测力计室内检定、现场安装、锚索张拉、孔口保护和建立观测站等。

如果采用传感器，传感器必须性能稳定、精度可靠，一般轮辐式传感器较为可靠。

监测结果为预应力随时间的变化关系，通过这个关系可以预测边坡的稳定性。

目前采用埋设传感器的方法进行预应力监测，一方面由于传感器的价格昂贵，一般只能在锚固工程中个别点上埋设传感器，存在以点代面的缺陷；另一方面由于须满足在野外的长期使用，因此对传感器性能、稳定性及施工时的埋设技术要求较高。如果在监测过程中传感器出现问题无法挽救，这将直接影响到工程的整体稳定性评价。因此研究高精度、低成本、无损伤，并可进行全面监测的测试手段已成为目前预应力锚固工程中亟待解决的关键技术问题。针对上述情况，已有人提出了锚索预应力的声测技术，但该技术目前仍处于应用研究阶段。

6.7 边坡地下水监测

地下水是边坡失稳的主要诱发因素，对边坡工程而言，地下水动态监测也是一项重要的监测内容，特别是对于地下水丰富的边坡，应特别引起重视。地下水动态监测已了解地下水位为主。根据工程要求，可进行地下水孔隙水压力、扬压力、动水压力、地下水水质监测等。

6.7.1 地下水位监测

国内早期用于地下水位监测的定型产品是红旗自计水位仪，它是浮标式机械仪表，因多种原因现已很少应用。近十几年来国内不少单位研制过压力传感式水位仪，均因各自的不足或缺陷而未能在地下水监测方面得到广泛采用。目前在地下水监测工作中几乎都是用简易水位计或万用表进行人工观测。

我国在 20 世纪 90 年代初成功研制了 WLT-1020 地下水动态监测仪，后又经过两次改进，现在性能已日臻完善。该仪器用进口的压力传感器和国产温度传感器封装于一体，构成水位-温度复合式探头，采用特制的带导气管的信号电缆，水位和温度转变为电压信号，传至地面仪器中，经放大和 A/D 变换，由液晶屏显示出水位和水温值，通过译码和接口电路，送至数字打印机打印记录。仪器的特点是小型轻便、高精度、高稳定性、抗干扰、微功耗、数字化、全自动、不受孔深孔斜和水位埋深的限制，专业观测孔和抽水井中均可使用。

6.7.2 孔隙水压力监测

在边坡工程中的孔隙水压力是评价和预测边坡稳定性的一个重要因素，因此需要在现场埋设仪器进行观测。目前监测孔隙水压力主要采用孔隙水压力仪，根据测试原理可分为以下四类。

1. 液压式孔隙水压力仪

土体中孔隙水压力通过透水测头作用于传压管中液体，液体即将压力变化传递到地面上的测压计，由测压计直接读出应力值。

2. 电气式孔隙水压力仪

包括电阻、电感和差动电阻式三种。孔隙水压力通过透水金属板作用于金属薄膜上，薄膜产生变形引起电阻（或电磁）的变化。查阅率定的电流量-压力关系，即求得孔隙水压力的变化值。

3. 气压式孔隙水压力仪

孔隙水压力作用于传感器的薄膜，薄膜变形使接触钮接触而接通电路，压缩空气立即从进气口进入以增大薄膜内气压，当内气压与外部孔隙水压平衡薄膜恢复原状时，接触钮脱离、电路断开、进气停止，测量系统出的气压值即孔隙水应力值。

4. 钢弦式孔隙水压力仪

传感器内的薄膜承受孔隙水压力产生的变形引起钢弦松紧的改变，于是产生不同的振动频率，调节接收器频率使与之和谐，查阅率定的频率-压力线求得孔隙水应力值。

孔隙水压力的观测点的布置视边坡工程具体情况而定。一般原则是将多个仪器分别埋于不同观测点的不同深度，形成一个观测剖面以观测孔隙水压力的空间分布。

埋设仪器可采用钻孔法或压入法，以钻孔法为主，压入法只适用于软土层。用钻孔法时，先于孔底填少量砂，置入测头之后再在其周围和上部填砂，最后用膨胀黏土球将钻孔全部严密封好。由于两种方法都不可避免地会改变土体中的应力和孔隙水压力的平衡条件，需要一定时间才能使这种改变恢复到原来状态，所以应提前埋设仪器。

观测时，测点的孔隙水压力应按式（6.9）求出：

$$\mu = \gamma_w h + p \tag{6.9}$$

式中　γ_w——水的重度；

　　　h——观测点与测压计基准面之间的高差；

　　　p——测压计读数。

6.8 监测方案设计

如何针对一个具体的边坡、危岩或滑坡特征（如地形地貌、变形机理、地质环境、工程背景等）选择可行的监测技术、方法，确定较为理想的监测方案，合理布置测点，是监测工作的核心。

各个不同的监测方案需进行方案的比较，使监测工作做到技术上保证，经济上可行，实施时安全，数据上可靠，特别要强调的是应避免"唯武器论"，单方面追求高精度、自动化、多参数，而脱离工程实际需要的监测方案。在选择监测技术方法实施时，宁可少而精，以不影响施工和运行为原则。

6.8.1　监测设计的原则

针对不同的工程背景，监测项目的选择一般采取以下原则：

（1）通过对工程地质背景及工况的深入了解，确定边坡的主要滑动或变形方向的滑动深度与范围。

（2）考虑测试成果的可靠程度，选用设备一般优先考虑使用光学和机械设备，提高测试精度和可靠程度。

（3）考虑经济情况。

（4）不影响正常施工及使用。

（5）能形成统一的结论和简洁的报表。

对于不同类型和不同工况边坡监测方法的确定，应以各种监测方法的基本特点、功能及适用条件为依据，并充分考虑各种监测方法的有机结合、互相补充、校核，这样通过各方法的优化和组合，才能获得最佳的监测效果。优化工作包含以下几个方面：

（1）在确定监测方法方面，充分考虑地形、地质条件及监测环境，选择适合的监测方法，做到土、洋结合，仪器监测和宏观监测相结合，人工直接监测和自动监测相结合。

（2）在监测仪器使用方面，做到电子仪表和机械仪表相结合，仪表精度高、低相结合，不要片面追求高、精、尖、多、全。长期监测的仪器一般应符合 3R 原则，即符合精度（resolution）、可靠度（reliability）、牢固可靠（ruggedness）三项要求，统筹考虑安排。在滑动面生成的不同时期、不同部位，变形监测有不同的要求，监测的重点也就需要做必要的调整。一般而言，精度较高的仪表适用于监测变形量小的边坡；而对于正在形成的滑坡，以及处于速变、临滑状态的滑坡，精度要求可视其变化适当放宽，灵活掌握。

（3）在监测内容方面，应根据工况与边坡的空间形态，本着少而精的原则，选择关键的监测部位，合理布置监测网点；突出重点，兼顾整体；力求表部和深部相结合、几何量和有关物理参数监测相结合。

（4）在确定观测精度方面，往往是借鉴国内外有关同类型边坡的监测精度，结合实地踏勘，对于边坡变形机理、变形发展趋势及监测仪器设备的精度指标综合分析，按照误差理论（观测误差一般应为变形量的 $1/5\sim1/10$）来确定适当的监测精度，通过一段时间的监测实践及观测资料分析，预测变形状态及发展趋势后，再对观测的方法、部位及精度等做适当调整及完善。

（5）在确定观测周期方面，应主要根据边坡体处于不同变形发展状态和不同监测手段的性质确定或灵活调整。一般而言，在边坡变形速率未出现突然增大时，变形量相对较小，观测周期可长些，但精度要求要高；而当变形速率加大或出现异常变化，应缩短观测周期，加密观测次数，精度可适当放宽。

总之，边坡工程的监测需要应用地质学、测量学、工程力学、数学、物理学、水文气象学等各个学科，并由各方面的人员参与协作，监测数据始终需要结合地质条件、环境因素和工况情况等进行分析，这样才能正确提供现场资料并做出判断。

6.8.2　测点布点原则

监测点的布置一般有以下 3 个步骤。

1. 测线布置

首先应确定主要监测的范围，在该范围中按监测方案的要求，确定主要滑动方向，按主滑动方向及滑动面范围确定测线，然后选取典型断面，布置测线，再按测线布置相应监测点。

对于不同工程背景的边坡工程一般在布置测点时，有所不同。十字形布置方法对于主滑方向和变形范围明确的边坡较为合适和经济，通常在主滑方向上布设深部位移监测孔，这样可以利用有限的工作量满足监测的要求。而放射形布置更适用于边坡中主滑方向和变形范围不能明确估计的边坡，在布置测线时可考虑不同方向交叉布置深部位移监测孔，这样可以利用有限的工作量满足监测的要求。

2. 监测网形成

考虑平面及空间的展布，各个测线按一定规律形成监测网，监测网的形成可能是一次完成，也可分阶段按不同时期和不同要求形成。

监测网的形成不但在平面上，更重要的是应体现在空间上的展布，如主滑面和可能滑动面、地质分层及界限面、不同风化带都应有测点，这样可以使监测工作在不同阶段做到有的放矢。

3. 局部加强

对于关键部位如可能形成的滑动带，重点监测部位和可疑点应加强工作，在这些点上加深加密布点。

其总体设计思想如下：一是针对危岩变形特征，采用多方案、多手段监测，使其互相补充、检核；二是选用常规与远距离监测、机械测试与电测、地表与地下相结合的监测技术和方法；三是形成点、线、面、立体相对三维空间的监测网络和警报系统。

6.8.3　边坡工程监测周期与频率

对于不同类型、不同阶段的边坡工程，根据工程所处的阶段、工程规模及边坡变形的速率等因素，它们的监测周期及监测频率有所不同。

监测的频次受到边坡工程的范围和监测工作量的限制，对于具体工程而言一般在施工的初期即大规模爆破阶段，由于该阶段是以监测爆破振动为主，在该阶段的监测频率一般结合爆破工程而定。

正常情况下，在爆破阶段完成后监测以地表及地下位移为主，一般在初测时每日一次或两日一次，在施工阶段 3～7d 一次，在施工完成后进入运营阶段，且变形及变形速率在控制的允许范围之内时一般以每一个水文年为一周期，两个月左右监测一次，雨季加强到一个月一次。

对于变形量增大和变形速率加快的边坡，应加大监测频次，时刻注意其变形值。

思考题

1. 简述边坡工程监测的主要作用。
2. 简述边坡工程监测的主要对象。
3. 什么是边坡工程的简易监测法？
4. 什么是边坡工程的设站监测法？
5. 什么是边坡工程的仪表监测法？
6. 简述边坡工程远程监测法的优缺点。
7. 简述边坡工程变形监测点的布设方法。
8. 简述边坡工程监测系统设计的基本原则。

第7章 桩基测试技术

7.1 概述

桩基础是埋入土中的柱形杆件，其作用是将上部结构的荷载传递到深部较坚硬、压缩性小的土层或岩层上，由设置于岩土中的桩和连接于桩顶端的承台组成的基础构成。土木、水利、交通、港口工程建设中广泛采用桩基作为深基础形式，其质量的好坏直接影响到整个建（构）筑物的安危。基桩是桩基中的单桩，基桩测试的目的一是为桩基设计提供合理的参数，通过现场试桩来实现；二是检验工程桩的施工质量是否满足设计或建（构）筑物对桩基承载力的要求，通过现场工程桩抽样检测实现。

7.1.1 桩基分类

桩基是基础工程最重要的结构型式。由于桩基础具有比较大的整体性和刚度，能承受更大的竖向荷载和水平荷载，能适应高、重、大的建筑物的要求，因此得到了广泛的应用。桩基按不同情况有不同的分类方式，具体如下：

1. 按承载性状分

（1）摩擦桩。在承载能力极限状态下，桩顶竖向荷载基本由桩侧摩阻力承担，桩端阻力较小，近似忽略不计。

（2）端承摩擦桩。在承载能力极限状态下，桩顶竖向荷载大部分由桩侧摩阻力承担，端阻力所占比重小于侧摩阻力。

（3）摩擦端承桩。在承载能力极限状态下，桩顶竖向荷载大部分由桩端阻力承担，侧摩阻力所占比重小于端阻力。

（4）端承桩。在承载能力极限状态下，桩顶竖向荷载基本由桩端阻力承担，桩侧摩阻力较小。

2. 按桩径（设计直径 D）大小分

小直径桩：$D \leqslant 250mm$；中等直径桩：$250mm < D < 800mm$；大直径桩：$D \geqslant 800mm$。

3. 按使用功能分

抗压桩、抗拔桩、水平受荷桩。

4. 按对地基土的影响程度分

非挤土桩：钻孔灌注桩、挖孔灌注桩。

部分挤土桩：冲孔灌注桩、钻孔挤扩灌注桩、开口钢管桩、H型钢桩、开口预制桩。

挤土桩：预制桩、沉管灌注桩、沉管夯（挤）扩灌注桩。

7.1.2 桩基检测程序

桩基工程的实施要经历设计、施工和检测这三个环节,同时检测又可以反过来指导设计和施工。我国桩基检测参照标准为《建筑基桩检测技术规范》(JGJ 106—2014),检测工程程序如图 7.1 所示。

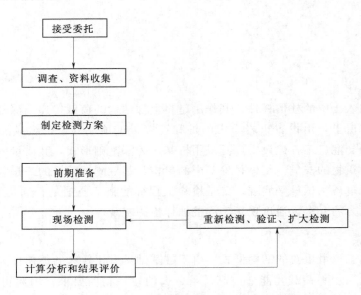

图 7.1 检测工作程序框图

基桩测试技术主要有静载荷试验法、低应变动测法、高应变动测法、钻探取芯法、超声波透射检测法等,目前我国常用的基桩检测方法及各方法适用的测试项目列于表 7.1。

表 7.1   桩基检测方法及项目

检测方法 \ 检测项目	桩基承载力	桩基完整性	桩身材质
静载荷试验法	●	○	×
钻芯法	×	○	●
低应变法	○	●	○
高应变法	●	○	×
声波透射法	×	○	●
混凝土强度试验	×	×	●

注 ●表示能检测该项目;○表示可以检测该项目,但有条件限制;×表示不能检测该项目。

7.1.3 桩基承载力代表值与静载试验

基桩根据使用功能的不同,分为抗压桩、抗拔桩、抗水平力桩,对应的承载力分别为基桩竖向抗压承载力、抗拔承载力、抗水平承载力。工程设计时主要关注的是"单桩极限承载力"、"单桩承载力特征值"。"单桩极限承载力"为桩基在荷载作用下达到破坏状态前或出现不适于继续承载的变形时所对应的最大荷载。"单桩承载力特征值"是指桩基在荷载作用下，地基土、桩本身的强度、稳定性均能得到保证，变形在容许范围内；以保证结构物的正常使用所能承受的最大荷载。

单桩原位静载试验是公认的检测基桩承载力最直观、最可靠的传统方法。基桩静载试验是在原位条件下，向桩基础逐级施加荷载，并同时观测基础沉降规律的一种原位测试方法，是目前进行承载力和变形特性评价的最可靠的方法，也是其他方法（如基桩高应变法）与之进行比对的标准。

《建筑基桩检测技术规范》（JGJ 106—2014）中"静载试验"的定义是：在桩顶部逐级施加竖向压力、竖向上拔力或水平推力，观测桩顶部随时间产生的沉降、上拔位移或水平位移，以确定相应的单桩竖向抗压承载力、单桩竖向抗拔承载力或单桩水平承载力的试验方法。

"极限荷载"是桩基设计中最重要的参数指标。极限荷载方法属于强度控制方法，对于直径较小的桩，尤其是摩擦桩，桩的荷载-位移关系曲线（即 Q-s 曲线）上陡降荷载很明显时，可以直接把陡降点荷载确定为极限荷载，但对于某些承载力以端承力为主的桩基，Q-s 曲线变形平缓，基本没有陡降点，沉降量很大时还达不到真正破坏，用陡降点法确定极限荷载很难实现。因此，对于这类桩基可根据变形确定其承载力，即承载力特征值，这种方法属于变形控制方法。承载力对应的沉降量，可根据设计要求给定，以适应不同工程对沉降的不同要求。

基桩静载试验的目的主要有：为工程提供承载力的设计依据，为基桩工程的施工质量进行检验和评定提供依据，为基桩施工选择最佳工艺参数，为本地区采用的新桩型提供设计依据。

为了掌握基桩检测技术，基桩检测工程技术人员必须充分了解基桩设计原理、基桩的工作机理、施工工艺、存在的质量问题等，还要熟悉现场检测技术，了解影响检测结果的关键检测环节，理解和掌握检测数据的分析处理技术和综合判定的方法。只有这样，才能胜任基桩检测的全过程检测工作，为工程建设提供准确、可靠、合理的检验成果。

7.2 单桩竖向抗压静载试验

7.2.1 竖向受压荷载作用下的单桩工作机理

单桩竖向抗压极限承载力是指桩在竖向荷载作用下到达破坏状态前或出现不适于继续承载的变形所对应的最大荷载，由以下两个因素决定：一是桩本身的材料强度，即桩在轴向受压、偏心受压或在桩身压曲的情况下，结构强度的破坏；二是地基土强度，即地基土对桩的极限支承能力。通常情况下，第二个因素是决定单桩极限抗压承载力的主要因素。

在竖向受压荷载作用下，桩顶荷载由桩侧摩阻力和桩端阻力承担，且侧摩阻力和端阻力的发挥是不同步的，通常桩侧摩阻力先发挥，先达极限，端阻力后发挥，后达极限；两者的发挥过程反映了桩土体系荷载的传递过程：在初始受荷阶段，桩顶位移小，荷载由桩上侧表面的土阻力承担，以剪应力形式传递给桩周土体，桩身应力和应变随深度递减；随着荷载的增大，桩顶位移加大，桩侧摩阻力由上至下逐步被发挥出来，在达到极限值后，继续增加的荷载则全部由桩端土阻力承担。随着桩端持力层的压缩和塑性变形，桩顶位移增长速度加大，在桩端阻力达到极限值后，位移迅速增大而破坏，此时桩所承受的荷载就是桩的极限承载力。由此可以看出，桩的承载力大小主要由桩侧土和桩端土的物理力学性质决定，而桩的几何特征如长径比、侧表面积大小、桩的成桩效应等也会影响承载力的发挥。

桩土体系的荷载传递特性为桩基设计提供了依据，设计部门可根据土层的分布与特性，合理选择桩径、桩长、施工工艺和持力层，这对有效发挥桩的承载能力、节省工程造价具有十分重要的作用。

1. 侧阻力影响分析

从桩的承载机理来看，桩土间的相对位移是侧摩阻力发挥的必要条件，但不同类型的土，发挥其最大摩阻力所需位移是不一样的，如黏性土为 5～10mm，砂类土为 10～20mm 等。大量试验结果表明，桩发挥侧摩阻力所需相对位移并非定值，桩径大小、施工工艺和土层的分布状况都是影响位移量的主要因素。

成桩效应也会影响到侧摩阻力，因为不同的施工工艺都会改变桩周土体内应力应变场的原始分布，如挤土桩对桩周土的挤密和重塑作用，非挤土桩因孔壁侧向应力解除出现的应力松弛等等；这些都会不同程度的提高或降低侧摩阻力的大小，而这种改变又与土的性质、类别，特别是土的灵敏度、密实度和饱和度密切相关。一般来说，饱和土中的成桩效应大于非饱和土的，群桩的大于单桩的。

桩材和桩的几何外形也是影响侧阻力大小的因素之一。同样的土，桩土界面的外摩擦角 δ 会因桩材表面的粗糙程度不同而差别较大，如预制桩和钢桩，侧表面光滑，δ 一般为 $(1/3～1/2)\varphi$（φ 为土的内摩擦角），而对不带套管的钻孔灌注桩、木桩，侧表面非常粗糙，δ 可取 $(2/3～1)\varphi$。由于桩的总侧阻力与桩的表面积成正比，因此采用较大比表面积（桩的表面积与桩身体积之比）的桩身几何外形可提高桩的承载力。

随桩入土深度的增加，作用在桩身的水平有效应力成比例增大。按照土力学理论，桩的侧摩阻力也应逐渐增大；但试验表明，在均质土中，当桩的入土超过一定深度后，桩侧摩阻力不再随深度的增加而变大，而是趋于定值，该深度被称为桩侧摩阻力的临界深度。

对于在饱和黏性土中施工的挤土桩，要考虑时间效应对土阻力的影响。桩在施工过程中对土的扰动会产生超孔隙水压力，它会使桩侧向有效应力降低，导致在桩形成的初期侧摩阻力偏小；随时间的增长，超孔隙水压力逐渐沿径向消散，扰动区土的强度慢慢得到恢复，桩侧摩阻力得到提高。

2. 端阻力影响分析

同侧摩阻力一样，桩端阻力的发挥也需要一定的位移量。一般的工程桩在桩容许沉降范围里就可发挥桩的极限侧摩阻力，但桩端土需更大的位移才能发挥其全部土阻力，所以说两者的安全度是不一样的。

持力层的选择对提高承载力、减少沉降量至关重要，即便是摩擦桩，持力层的好坏对桩的后期沉降也有较大的影响；同时要考虑成桩效应对持力层的影响，如非挤土桩成桩时对桩端土的扰动，使桩端土应力释放，加之桩端也常常存在虚土或沉渣，导致桩端阻力降低；挤土桩成桩过程中，桩端土受到挤密而变得密实，导致端阻力提高；但也不是所有类型的土均有明显挤密效果，如密实砂土和饱和黏性土，桩端阻力的成桩效应就不明显。

桩端进入持力层的深度也是桩基设计时主要考虑的问题，一般认为，桩端进入持力层越深，端阻力越大；但大量试验表明，超过一定深度后，端阻力基本恒定。

关于端阻的尺寸效应问题，一般认为随桩尺寸的增大，桩端阻力的极限值变小。

端阻力的破坏模式分为三种，即整体剪切破坏、局部剪切破坏和冲入剪切破坏，主要由桩端土层和桩端上覆土层性质确定。当桩端土层密实度好、上覆土层较松软，桩又不太长时，端阻一般呈现为整体剪切破坏，而当上覆土层密实度好时，则会呈现局部剪切破坏；但当桩端密实度差或处在中高压缩性状态，或者桩端存在软弱下卧层时，就可能发生冲剪破坏。

实际上，桩在外部荷载作用下，侧摩阻力和端阻力的发挥和分布是较复杂的，二者是相互作用、相互制约的，如因端阻力降低的影响，靠近桩端附近的侧摩阻力会有所降低等等。

7.2.2 试验设备

基桩竖向抗压静载荷试验，是采用接近于竖向抗压桩实际工作条件的试验方法，确定单桩的竖向抗压承载力。进行静载试验前，在桩身中埋设量测桩身应力、应变、桩底反力的土压力盒等传感器，进行静载试验时可同时测得桩周各土层的侧阻力和桩端阻力或桩身截面的位移量等数据，为工程实践和学术理论提供可靠的研究依据。

试验参考规范为：《建筑基桩检测技术规范》（JGJ 106—2014）、《地基基础设计规范》（GB 50007—2011）。

单桩竖向抗压静载荷试验的试验装置分为加载装置、测试仪表和桩身测量元件三部分介绍。

1. 加载装置

加载反力装置可根据现场条件选择锚桩横梁反力装置、压重平台反力装置或锚桩压重联合反力装置。

（1）锚桩横梁反力装置。其装置如图 7.2、图 7.3 所示。锚桩提供向上的抗拔力，当

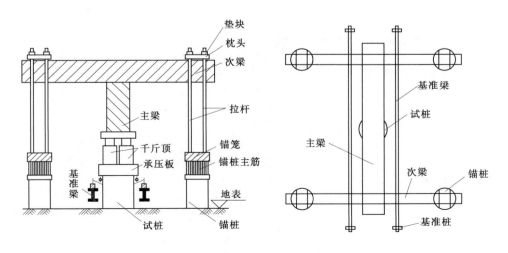

图 7.2 锚桩横梁反力装置示意图

采用灌注桩作为锚桩时，其钢筋笼要沿桩身通长配置；当采用预制长桩作锚桩，除了要求桩身通常配筋外还要加强接头的连接，锚桩的设计参数应按抗拔桩的规定计算确定。采用工程桩作锚桩时，锚桩数量不应少于 4 根，并应监测锚桩上拔量。

在试验前应对横梁的刚度、强度以及锚杆钢筋总断面等参数进行验算，确保各个构件的性能满足整个试验安全进行。

图 7.3　锚桩横梁反力装置

图 7.4　压重平台反力装置

（2）压重平台反力装置。其装置图如图 7.4、图 7.5 所示。堆载材料一般为混凝土块、钢锭或沙袋。堆载在检测前应一次加足，并稳固地放置于平台上。压重施加于地基的压应力不宜大于地基承载力特征值的 1.5 倍。在软土地基上放置大量堆载会引起地面较大下沉，这时基准梁要支撑在其他工程桩上，并远离沉降影响范围。作为基准梁的工字钢应尽量长些，但其高跨比不宜小于 1/40。

堆载的优点是能对试桩进行随机抽样，适合不配筋或少配筋的桩，不足之处是测试费用较高，压重材料运输吊装需配合相应的运输吊装机械，费时费力。

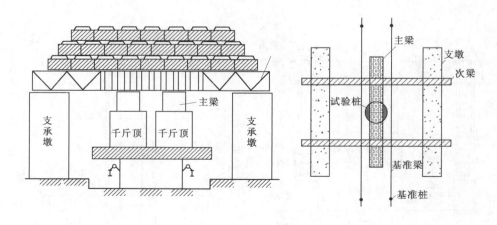

图 7.5　压重平台反力装置示意图

（3）锚桩压重联合反力装置（图
7.6）。该装置中千斤顶应平放于试桩中
心，并保持严格的物理对中。当采用两
个以上千斤顶并联加载时，千斤顶的型
号、规格应相同，其上下部应设置足够
刚度的钢垫箱，千斤顶的合力中心应与
试桩轴线重合。当试桩最大加载重量超
过锚桩的抗拔能力时，可在横梁上增加
堆载，由锚桩与堆载共同承担上拔力。
由于堆载的作用，锚桩混凝土裂缝的开
展可得到有效的控制。

图 7.6　锚桩压重联合反力装置

上述三种加载方式中，试桩与锚桩
（或压重平台支墩边）、试桩与基准桩、基准校与锚桩（或压重平台支墩边）之间的中心距
离应不小于 $4D$ 且不小于 2.0m，其中 D 为试桩、锚桩的设计直径或边宽，取其较大者。

（4）钢梁。在单桩竖向静载试验中反力是通过钢梁提供给桩顶的。同一钢梁在不同工
况下，其受力状态或是不同的，允许使用的最大试验荷载是不同的。如图 7.7 所示，压重

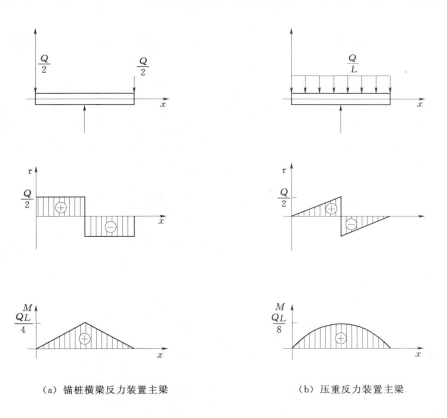

（a）锚桩横梁反力装置主梁　　　　　（b）压重反力装置主梁

图 7.7　静载试验钢梁受力简图

平台反力装置的主梁和次梁是受均布荷载作用，而锚桩横梁反力装置的主梁和次梁受集中荷载作用，集中荷载作用点与试验桩（主梁）、锚桩（次梁）的相对位置有关，而且集中荷载作用点的位置直接影响主梁和次梁所承受的弯矩荷载。

表 7.2 给出了钢梁的荷载与应力、挠度的关系。

表 7.2　　　　　　　　　　　　钢梁的荷载与应力、挠度的关系

	压重平台反力装置的主梁	锚桩横梁反力装置的主梁
最大剪应力（千斤顶处）	$Q/2$	$Q/2$
最大弯矩	$QL/8$	$QL/4$
最大挠度	$QL^3/(128EJ_x)$	$QL^3/(48EJ_x)$
梁端部最大转角	$QL^2/(48EJ_x)$	$QL^2/(16EJ_x)$
适用条件	梁受均布荷载作用，总荷载为 Q，主梁长 L	千斤顶在主梁的正中间，次梁的集中荷载作用在主梁的两端端部
备注	E 为钢梁的弹模，J_x 为惯性矩，EJ_x 为梁的抗弯刚度	

由受力分析可知：主梁的最大受力区域在梁的中部，因此，在实际加工制作主梁时，一般在主梁的中部（约占 1/4～1/3 主梁长度）进行加强处理。

2. 测试仪表

（1）基准桩。基准桩、基准梁属于测量学术语，也称为基准点，或控制点，是测量中用作坐标和标高参考的原始数据点，在静载试验中用于对比观测桩顶沉降量。国家标准《建筑地基基础设计规范》（GB 50007—2011）要求试桩、锚桩（压重平台支墩边）和基准桩之间的中心距离大于 4 倍试桩和锚桩的设计直径且大于 2.0m。考虑到现场验收试验中的困难，且加载过程中，锚桩上拔对基准桩、试桩的影响一般小于压重平台对它们的影响，因此，《建筑基桩检测技术规范》（JGJ 106—2014）对部分间距的规定放宽为"不小于 3D"，具体见表 7.3。

表 7.3　　　　　　试桩、锚桩（或压重平台支墩边）和基准桩之间的中心距离

反力装置	距离		
	试桩中心与锚桩中心（或压重平台支墩边）	试桩中心与基准桩中心	基准桩中心与锚桩中心（或压重平台支墩边）
锚桩横梁	≥4（3）D 且＞2.0m	≥4（3）D 且＞2.0m	≥4（3）D 且＞2.0m
压重平台	≥4D 且＞2.0m	≥4（3）D 且＞2.0m	≥4D 且＞2.0m
地锚装置	≥4D 且＞2.0m	≥4（3）D 且＞2.0m	≥4D 且＞2.0m

注　1. D 为试桩、锚桩或地锚的设计直径或边宽，取其较大者。
　　2. 括号内数值可用于工程桩验收检测时多排桩设计桩中心距离小于 4D 或严重平台支墩下 2～3 倍宽影响范围内的地基土已进行加固处理的情况。

（2）基准梁。基准梁的一端应固定在基准桩上，另一端应简支于基准桩上，以减少温度变化引起的基准梁挠曲变形。在满足规范规定的条件下，基准梁不宜过长，并应采取有效遮挡措施，以减少温度变化和刮风下雨、振动及其他外界因素的影响，尤其

在昼夜温差较大且白天有阳光照射时更应注意。一般情况下，温度对沉降的影响约为1～2mm。

（3）油压表。荷载测量可用放置于千斤顶上的荷重传感器直接测定，或采用并联于千斤顶油路的高精度压力表或压力传感器测定油压，并根据千斤顶的率定曲线换算成荷载。传感器的测量误差应不大于1%，压力表精度等级应优于或等于0.4级。试验用压力表、油泵、油管在最大加载时的压力不应超过规定工作压力的80%。

（4）百分表。沉降测量宜采用位移传感器或大量程百分表，测量误差不大于0.1%FS，分辨力优于或等于0.01mm。对于直径或宽边大于500mm的桩，应在其两个方向对称安装4个位移测试仪表，直径或宽边小于等于500mm的桩可对称安装两个位移测试仪表。沉降测定平面宜在桩顶200mm以下位置，测点应牢固地固定于桩身。固定和支撑位移表（百分表）的夹具和基准桩应避免气温、振动及其他外界因素的影响。

7.2.3　试验要求
7.2.3.1　抽检数量要求
《建筑基桩检测技术规范》（JGJ 106—2014）规定，当符合下列条件之一时，采用单桩竖向抗压静载试验进行承载力验收试验，检测数量不应少于同一条件下桩基分项工程总桩数的1%，且不应少于3根；当工程桩总数少于50根时，检测数量不应少于2根。

（1）设计等级为甲级桩基。

（2）施工前进行了单桩静载试验，但施工过程中变更了工艺参数或施工质量出现了异常。

（3）地质条件复杂、桩施工质量可靠性低。

（4）本地区采用的新桩型或新工艺。

（5）施工过程中产生挤土上浮或偏位的群桩。

7.2.3.2　测试开始时间的确定
由于成桩过程中，对地基土体产生了扰动使土体提供的阻力明显降低，不同土性的土体强度恢复所需要的时间不尽相同；对于现场浇筑的混凝土灌注桩，测试开始时间为其混凝土的龄期达到28d或预留同条件养护试块强度达到设计强度。对于预制桩，施工后的休止时间应不少于表7.4数值。

表7.4　现行标准对休止期的规定

《建筑基桩检测技术规范》JGJ 106—2014		《建筑地基基础设计规范》GB 50007—2011	
土的类型	休止时间/d	土的类型	休止时间/d
砂土	7	砂土	7
粉土	10	—	—
黏性土 非饱和	15	黏性土	15
黏性土 饱和	25	饱和软黏土	25
对于泥浆护壁灌注桩，宜适当延长休止时间		—	

7.2.3.3 试桩要求

为了保证试验能够最大限度地模拟实际工作条件，使试验结果更准确、更具有代表性，进行载荷试验的试桩必须满足一定要求。这些要求主要有以下几个方面：

（1）试桩的成桩工艺和质量控制标准应与工程桩一致。

（2）混凝土桩应凿掉桩顶部的破碎层和软弱混凝土，桩头顶面应平整，桩头中轴线与桩身上部的中轴线应重合。

（3）桩头主筋应全部直通至桩顶混凝土保护层之下，各主筋应在同一高度上。

（4）距桩顶一倍桩径范围内，宜用厚度为 3～5mm 的钢板围裹或距桩顶 1.5 倍桩径范围内设置箍筋，间距不宜大于 100mm。桩顶应设置钢筋网片 2～3 层，间距 60～100mm。

（5）桩头混凝土强度等级宜比桩身混凝土提高 1～2 级，且不得低于 C30。

（6）对于预制桩，如果桩头出现破损，要在其顶部外加封闭箍后浇捣高强细石混凝土予以加强；对于预应力管桩，宜在距桩顶 1 倍桩径高度的管桩内浇捣高强混凝土，外套厚度为 3～5mm 的钢管箍。

（7）在试桩间歇期内，试桩区周围 30 m 范围内尽量不要产生能造成桩间土中孔隙水压力上升的干扰，如打桩等。

（8）对用作锚桩的灌注桩和有接头的混凝土预制桩，检测前宜对其桩身完整性进行测试。

7.2.4 试验方法

7.2.4.1 加载总量要求

关于试验中的加载量，为设计提供依据的试验桩，应加载至基桩破坏；当基桩承载力以桩身强度控制时，可按设计要求的加载量进行；对工程桩进行抽检时，其加载量不应小于设计要求的单桩承载力特征值的 2 倍。

7.2.4.2 加载、卸载方式

（1）加载应分级进行，采用逐级等量加载；分级荷载宜为最大加载量或预估极限承载力的 1/10，其中第一级加载量可取分级荷载的 2 倍。

（2）卸载也应分级进行，每级卸载量宜取加载时分级荷载的 2 倍，且应逐级等量卸载。

（3）加载、卸载时，应使荷载传递均匀、连续、无冲击，每级荷载在维持过程中的变化幅度不得超过分级荷载的 ±10%。

基桩竖向抗压静载试验的加载方式有慢速法与快速法。慢速维持荷载法是我国公认且已沿用几十年的标准试验方法，是工程桩竖向抗压承载力验收检测方法的唯一参照标准，也是与桩基设计有关的行业或地方标准的设计参数规定值获取的最可信方法。慢速维持荷载法每级荷载持载时间最少为 2h。对绝大多数桩基而言，为保证上部结构正常使用，控制桩基绝对沉降是最重要的，这是地基基础按变形控制设计的基本原则。

7.2.4.3 慢速维持载荷法

1. 试验步骤及加卸载要求

（1）每级加载后按第 5min、15min、30min、45mm、60min 测读桩顶沉降量，以后每隔 30min 测读一次桩顶沉降量。

（2）试桩沉降相对稳定标准：每 1h 内的桩顶沉降量不超过 0.1mm，并连续出现两次

（从分级荷载施加后第 30min 开始，按 1.5h 连续三次每 30min 的沉降观测值计算）。

（3）当桩顶沉降速率达到相对稳定标准时，可施加下一级荷载。

（4）卸载时，每级荷载维持 1h，分别按第 15min、30min、60min 测读桩顶沉降量后，即可卸下一级荷载；卸载至零后，应测读桩顶残余沉降量，维持时间不得少于 3h，测读时间分别为第 15min、30min，以后每隔 30min 测读一次桩顶残余沉降量。

2. 试验终止条件

（1）某级荷载作用下，桩顶沉降量大于前一级荷载作用下沉降量的 5 倍，且桩顶总沉降量超过 40mm。

（2）某级荷载作用下，桩顶沉降量大于前一级荷载作用下沉降量的 2 倍，且经过 24h 尚未达到相对稳定标准 [试验步骤及加卸载要求第（2）款]。

（3）已达到设计要求的最大加载值且桩顶沉降达到相对稳定标准。

（4）当工程桩作锚桩时，锚桩上拔量已达到允许值。

（5）当荷载-沉降曲线呈缓变型时，可加载至桩顶总沉降量为 60～80mm，当桩端阻力尚未充分发挥时，可加载至桩顶累计沉降量超过 80mm。

以上内容参考《建筑基桩检测技术规范》（JGJ 106—2014）。另外，国家标准《建筑地基基础设计规范》（GB 50007—2011）附录 Q 对单桩竖向静载试验也有规定，表 7.5 将两规范中对单桩竖向静载试验内容进行对比。

7.2.4.4　快速维持载荷法

工程桩验收检测宜采用慢速维持荷载法，但当有成熟的地区经验时，也可采用快速维持荷载法。快速维持荷载法的每级荷载维持时间不应少于 1h，当本级荷载作用下的桩顶沉降速率收敛时，可施加下一级荷载。快速维持荷载法与慢速维持荷载法相比，各级荷载下的桩顶沉降要小一些，获得的极限承载力略高一些。

1. 试验步骤及加卸载要求

（1）每级加载后维持 1h，按第 5min、15min、30min 测读桩顶沉降量，以后每隔 15min 测读一次桩顶沉降量。

（2）测读时间累计为 1h 时，若最后 15min 时间间隔的桩顶沉降增量与相邻 15min 时间间隔的沉降增量相比未明显收敛时，应延长维持荷载时间，直至最后 15min 的沉降增量小于相邻 15min 的沉降增量为止。

（3）卸载时，每级荷载维持 15min，按第 5min、15min 测读桩顶沉降量后，即可卸下一级荷载；卸载至零后，应测读桩顶残余沉降量，维持时间不得少于 1h，测读时间分别为第 5min、15min、30min。

2. 试验终止条件

（1）某级荷载作用下，桩顶沉降量大于前一级荷载作用下沉降量的 5 倍，且桩顶总沉降量超过 40mm。

（2）已达到设计要求的最大加载值且桩顶沉降达到相对稳定标准。

（3）当工程桩作锚桩时，锚桩上拔量已达到允许值。

（4）当荷载-沉降曲线呈缓变型时，可加载至桩顶总沉降量为 60～80mm，当桩端阻力尚未充分发挥时，可加载至桩顶累计沉降量超过 80mm。

表 7.5　　　　　　　　　慢速维持荷载法现场试验技术控制要求比对表

规范	GB 50007—2011	JGJ 106—2014	说明
预压	1～2 级		检查加载与观测系统
加载分级	加载不少于 8 级，宜为 8～10 级	10 级等量加载，第一级可取分级荷载的 2 倍	以 10 级等量为宜
测读时间间隔 min	每第 5min、10min、15min 各测读一次，以后每隔 15min 读一次，累计 1h 后每隔 30min 读一次	每第 5min、15min、30min、45min、60min 测读一次，以后每隔 30min 读一次	基本一致
稳定标准	桩的沉降量连续两次在每小时内小于 0.1mm 时可视为稳定	每 1h 内的桩顶沉降量不超过 0.1mm，并连续出现两次	区别在于"小于"和"不超过"
终止加载条件	当荷载-沉降（$Q-s$）曲线上有可判定极限承载力的陡降段，且桩顶总沉降量超过 40mm	某级荷载作用下，$\Delta s_{n+1}/\Delta s_n > 5$ 时，且总沉降量超过 40mm	当 $\Delta s_{n+1}/\Delta s_n > 5$ 时，可认为出现"陡降段"
	$\Delta s_{n+1}/\Delta s_n \geqslant 2$，且经 24h 尚未达到稳定	$\Delta s_{n+1}/\Delta s_n \geqslant 2$，且经 24h 尚未达到相对稳定标准	一致
	—	已达到设计要求的最大加载量，且桩顶沉降达到相对稳定标准	主要针对检验性试验
	—	当工程桩作锚桩时，锚桩上拔量已达到允许值	反力已达最大，加载试验无法继续进行
	25m 以上的非嵌岩桩，$Q-s$ 曲线呈缓变型时，桩顶总沉降量大于 60～80mm	当荷载-沉降曲线呈缓变型时，可加载至桩顶总沉降量 60～80mm	缓变型 $Q-s$ 曲线的最小总沉降量控制要求
	在特殊条件下，可根据具体要求加载至桩顶总沉降量大于 100mm	在特殊情况下，可根据具体要求加载至桩顶累计沉降量超过 80mm，当桩端阻力尚未充分发挥时，可加载至桩顶累计沉降量超过 80mm	特殊情况下，可适当增大沉降量
	桩底支承在坚硬岩（土）层上，桩的沉降量很小时，最大加载量不应小于设计荷载的两倍		
卸载分级、观测	每级卸载值为加载值的两倍	每级卸载量取加载时分级荷载的两倍，且应逐级等量卸载	基本一致
	卸载后隔 15min 测读一次，读两次后，隔 30min 再读一次，即可卸下一级荷载。全部卸载后，隔 3h 再测读一次	每级荷载维持 1h，按第 15min、30min、60min 测读桩顶沉降量后，即可卸下一级荷载。卸载至零后，应测读桩顶残余沉降量，维持时间为 3h，测读时间为第 15min、30min，以后每隔 30min 测读一次桩顶残余沉降量	统一全部卸载后，应观察 3h
荷载的维持	未做规定	变化幅度不得超过分级荷载的 ±10%	应按 JGJ106 执行

注　Δs_n—第 n 级荷载的沉降增量；Δs_{n+1}—第 $n+1$ 级荷载的沉降增量。

7.2.5 试验资料整理

1. 填写试验记录表

试验中，为了能够准确地描述静载荷试验过程，便于统计、应用及查阅，基桩竖向抗压静载荷试验成果宜整理成表格形式，并且对成桩和试验过程中出现的异常现象做必要补充说明。桩基施工概况记录表见表 7.6，单桩竖向抗压静载试验记录表见表 7.7。

表 7.6　　　　　　　　　　　　桩基施工概况记录表

工程名称		地点		试验单位		
试桩编号		桩型		试验起止时间		
成桩工艺		桩截面尺寸		桩长		
混凝土强度等级	设计	灌注桩沉渣厚度		配筋情况	规格长度	配筋率
	实际	灌注桩充盈系数				
综合柱状图				试验平面布置示意图		
层次	土层名称	土层描述	相对标高	桩身剖面		

表 7.7　　　　　　　　　　　单桩竖向抗压静载试验记录表

工程名称				桩号		日期		
加载级	油压 /MPa	荷载 /kN	测度时间	位移计（百分表）读数			本级沉降 /mm	累计沉降 /mm	备注
				1号	2号	3号	4号		

检测单位：　　　　　　　　　　　　　　　　校核：　　　　记录：

2. 绘制有关试验成果曲线

试验后将测试数据进行整理，绘制荷载-沉降（Q-s）、沉降-时间对数（s-$\lg t$）曲线、沉降-荷载对数（s-$\lg Q$）曲线；也可根据工程实际需要绘制其他辅助分析曲线。

7.2.6 单桩竖向抗压承载力的确定

1. 单桩竖向抗压极限承载力 Q_U 的确定

（1）对于陡降型的 Q-s 曲线，取其发生明显陡降的起始点对应的荷载值。

（2）根据沉降随时间变化的特征确定：取 s-$\lg t$ 曲线尾部出现明显向下弯曲的前一级荷载值。

（3）某级荷载作用下，桩顶沉降量大于前一级荷载作用下沉降的 2 倍，且经 24h 尚未达到相对稳定标准，则取前一级荷载值。

（4）对于缓变型 Q-s 曲线可根据沉降量确定，宜取 $s=40$mm 对应的荷载值，当桩长大于 40m 时，宜考虑桩身弹性压缩量；对于直径大于或等于 800mm 的桩，可取 $s=0.05D$（D 为桩端直径）对应的荷裁值。

（5）当按上述四条判定桩的竖向抗压承载力未达到极限时，桩的竖向抗压极限承载力应取最大试验荷载值。

2. 单桩竖向抗压极限承载力统计值的确定

（1）当极差不超过平均值的 30% 时，取其算术平均值为单桩竖向抗压极限承载力。

（2）当其极差超过平均值的 30% 时，应分析级差过大的原因，结合桩型、施工工艺、地基条件、基础形式等工程具体情况综合确定，当不能明确极差过大的原因时，可增加试桩数量。

（3）对桩数少于 3 根或桩基承台下的桩数不大于 3 根时，应取低值。

3. 单桩竖向抗压承载力特征值的确定

《建筑地基基础设计规范》（GB 50007—2011）、《建筑基桩检测技术规范》（JGJ 106—2014）规定：单桩竖向抗压极限承载力除以安全系数 2，为单桩竖向抗压承载力特征值。

7.2.7 常见的单桩荷载-位移（Q-s）曲线

常见的单桩荷载-位移（Q-s）曲线如图 7-8 所示，它们反映了几种破坏模式。

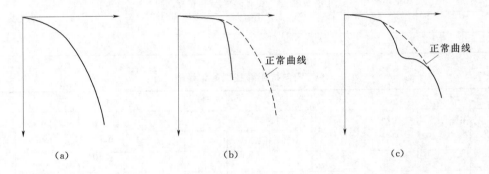

图 7.8 桩的竖向抗压破坏模式

（1）图 7.8（a）。桩端持力层为密实度和强度均较高的土层（如密实砂层、卵石层等），而桩身土层为相对软弱土层，此时端阻所占比例大，Q-s 曲线呈缓变型，极限荷载下桩端呈整体剪切破坏或局部剪切破坏。这种情况常以某一极限位移 s_u 确定极限荷载，一般取 $s_u = 40 \sim 60$mm；对于非嵌岩的长（超长）桩（$L/D > 80$），一般取 $s_u = 60 \sim 80$mm；对于直径大于或等于 800mm 的桩或扩底桩，Q-s 曲线一般也呈缓变型，此时极限荷载可按 $s_u = 0.05D$（D 为桩端直径）控制。

（2）图 7.8（b）。桩端与桩身为同类型的一般土层，端阻力不大，Q-s 曲线呈陡降型，桩端呈刺入（冲剪）破坏，如软弱土层中的摩擦桩（超长桩除外）；或者端承桩在极限荷载下出现桩身材料强度的破坏或桩身压曲破坏，Q-s 曲线也呈陡降型，如嵌入坚硬基岩的短粗端承桩；这种情况破坏特征点明显，极限荷载明确。

（3）图 7.8（c）。桩端有虚土或沉渣，初始强度低，压缩性高，当桩顶荷载达一定值后，桩底部土被压密，强度提高，导致 Q-s 曲线呈台阶状；或者桩身有裂缝（如接头开裂的打入式预制桩或有水平裂缝的灌注桩），在试验荷载作用下闭合，Q-s 曲线也呈台阶状；这种情况一般也按沉降量确定极限荷载［同第（1）款中的规定］。

对于缓变型的 $Q\text{-}s$ 曲线，极限荷载也可辅以其他曲线进行判定，如取 $s\text{-}\lg t$ 曲线尾部明显弯曲的前一级荷载为极限荷载，取 $\lg s\text{-}\lg Q$ 第二直线交会点荷载为极限荷载，取 $\Delta s\text{-}Q$ 曲线的第二拐点为极限荷载等等。

7.3 单桩竖向抗拔静载试验

抗拔桩也是桩基中的一种重要形式，主要为建筑物提供向下的锚固承载力（即抗拔力），这种桩型多出现在地下水造成建筑物下出现浮托力、有向上位移趋势的工程中。目前，桩基础抗拔承载力的计算理论还不完善，需要其他方法辅助确定，因此，通过现场原位试验确定单桩竖向抗拔承载力的作用就显得十分重要。《建筑基桩检测技术规范》（JGJ 106—2014）规定，检测时的抗拔桩受力状态，应与设计规定的受力状态一致。单桩竖向抗拔静载荷试验采用接近实际工况的试验方法，试验获得的单桩竖向抗拔极限承载力安全、可靠性较高，可为设计提供有利参考依据。

7.3.1 竖向拉拔荷载作用下的单桩工作机理

1. 破坏模式、极限状态

在上拔荷载作用下，桩身首先将荷载以摩阻力的形式传递到周围土中，其规律与承受竖向下压荷载时一样，但方向相反。初始阶段，上拔阻力主要由浅部土层提供，桩身的拉应力主要分布在桩的上部，随着桩身上拔位移量的增加，桩身应力逐渐向下扩展，桩的中、下部的上拔土阻力逐渐发挥。当桩端位移量超过某一数值（6～10mm）时，就可以认为整个桩身的土层抗拔阻力达到极限，其后抗拔阻力就会下降。此时，如果继续增加上拔荷载，就会产生破坏。

承受竖向拉拔荷载作用的单桩承载机理与竖向受压桩有所不同。抗拔桩常见的破坏形式为桩-土界面间的剪切破坏、桩被拔出或者是复合剪切面破坏。

桩的下部沿桩-土界面破坏，而上部靠近地面附近出现锥形剪切破坏，锥形土体同下面土体脱离与桩身一起上移。当桩身材料抗拉强度不足或配筋不足时，可能出现桩身被拉断现象，因此抗拔桩均要求通长配筋。当桩在承受竖向拉拔荷载时，桩-土界面的法向应力比受压条件下的法向应力数值小，导致土的抗剪强度和侧摩阻力降低，桩上部的侧摩阻力折减产生锥形剪切体，从而出现复合剪切破坏。

图 7.9 为单桩承受上拔荷载的几种典型破坏形态。

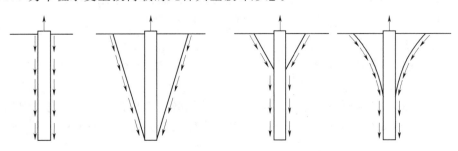

图 7.9 竖向抗拔荷载作用下单桩的破坏形态

　　桩的抗拔承载力由桩侧阻力和桩身重力组成。对于上拔时形成的桩端真空吸引力，因其所占比例小，可靠性低，对桩的长期抗拔承载力影响不大，一般不予考虑。桩周阻力的大小与竖向抗压桩一样，受桩土界面的几何特征、土层的物理力学特性等较多因素的影响；但不同的是，黏性土中的抗拔桩在长期荷载作用下，随上拔量的增大，会出现应变软化的现象，即抗拔荷载达到峰值后会下降，而最终趋于定值。因而在设计抗拔桩时，应充分考虑抗拔荷载的长期效应和短期效应的差别。如送电线路杆塔基础由风荷载产生的拉拔荷载只有短期效应，此时就可以不考虑长期荷载作用的影响，而对于承受巨大浮托力作用的船闸、船坞、地下油罐基础以及地下车库的抗拔桩基，因长时间承受拉拔荷载作用，因而必须考虑长期荷载的影响。

　　为提高抗拔桩的竖向抗拔力，可以考虑改变桩身截面形式，如可采用人工扩底或机械扩底等施工方法，在桩端形成扩大头，以发挥桩底部的扩头阻力等等。

　　另外，桩身材料强度（包括桩在承台中的嵌固强度）也是影响桩抗拔承载力的因素之一，在设计抗拔桩时，应对此项内容进行验算。

　　2. 影响单桩竖向抗拔承载力的主要因素

　　影响单桩竖向抗拔承载力的因素很多，归纳起来有以下几个方面：

　　（1）桩周围土体。桩周土的性质、土的抗剪强度、侧压力系数和土的应力历史等都会对单桩竖向抗拔承载力产生一定的影响。一般说来，在黏土中，桩的抗拔极限侧阻力与土的不排水抗剪强度接近；在砂土中，桩的抗拔极限侧阻力可用有效应力法来估计，砂土的抗剪强度越大，桩侧单位面积的极限抗拔侧阻力也就越大。

　　（2）桩自身因素。桩侧表面的粗糙程度越大，则桩的抗拔承载力就越大，且这种影响在砂土中比在黏土中更明显；此外，桩截面形状、桩长、桩的刚度和桩材的泊松比等都会对单桩竖向抗拔承载力产生不同程度的影响。

　　（3）施工因素。在施工过程中，桩周土体的扰动、打入桩中的残余应力、桩身完整性、桩的倾斜角度等也将影响单桩竖向抗拔承载力的大小。

　　（4）休止时间。从成桩到开始试验之间的休止时间长短对单桩竖向抗拔承载力影响是明显的；另外，桩顶的加载方式、荷载维持时间、加载卸载过程等对单桩竖向抗拔承载力也有影响。

　　对混凝土灌注桩、有接头的预制桩，宜在拔桩试验前采用低应变法检测受检桩的桩身完整性。为设计提供依据的抗拔灌注桩，施工时应进行成孔质量检测，桩身中、下部位出现明显扩径的桩，不宜作为抗拔试验桩；对有接头的预制桩，应复核接头强度。

　　试验参考规范为：《建筑基桩检测技术规范》（JGJ 106—2014）。

7.3.2　试验设备

　　单桩竖向抗拔静载荷试验装置如图 7.10 所示，它主要由加载装置和量测装置组成。

　　1. 加载装置

　　试验加载装置一般采用油压千斤顶，千斤顶的加载反力装置可根据现场情况确定，可以利用工程桩作为反力锚桩，也可采用地基提供支座反力。反力架的承载力应具有 1.2 倍的安全储备。

　　当采用灌注桩作为反力锚桩时，宜沿桩身通长配筋，以免桩身出现强度破坏。桩顶面

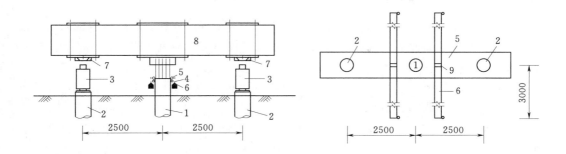

图 7.10 单桩竖向抗拔静载荷试验示意图

1—试桩；2—锚桩；3—液压千斤顶；4—表座；5—测微表；6—基准梁；
7—球铰；8—反力梁；9—10cm×10cm 薄铁板

应平整并具有足够的强度。当采用天然地基提供反力时，施加于地基土的压应力不宜超过地基承载力特征值的 1.5 倍；反力梁支点重心应与支柱中心重合；反力桩顶面应平整并具有一定的强度。

试桩、支座和基准桩之间的中心距离应符合表 7.3 规定。

2. 荷载与变形量测装置

荷载可通过荷载传感器直接测定，也可采用连接于千斤顶上的标准压力表测定，即根据千斤顶荷载-油压率定曲线换算出实际荷载值。试桩上拔变形量一般用百分表量测，其布置方法可参考基桩竖向抗压静载荷试验。

上拔量测量点宜设置在桩顶以下不小于 1 倍桩径的桩身上，不得设置在受拉钢筋上；对于大直径灌注桩，可设置在钢筋笼内侧的桩顶面混凝土上。

7.3.3 试验方法

单桩竖向抗拔静载试验的检测时间间隔及检测数量可参考单桩竖向抗压静载荷试验规定执行。

1. 加载、卸载方式

（1）加载应分级进行，采用逐级等量加载；分级荷载宜为最大加载量或预估极限承载力的 1/10，其中第一级加载量可取分级荷载的 2 倍。

（2）卸载也应分级进行，每级卸载量宜取加载时分级荷载的 2 倍，且应逐级等量卸载。

（3）加载、卸载时，应使荷载传递均匀、连续、无冲击，每级荷载在维持过程中的变化幅度不得超过分级荷载的 ±10%。

为设计提供依据的试验桩，应加载至桩侧岩土阻力达到极限状态或桩身材料达到设计强度；工程桩验收检测时，施加的上拔荷载不得小于单桩竖向抗拔承载力特征值的 2 倍或使桩顶产生的上拔量达到设计要求的限值。

当抗拔承载力受抗裂条件控制时，可按设计要求确定最大加载值。另外，预估的最大试验荷载不得大于钢筋的设计强度。

2. 试验步骤及加卸载要求

试验宜采用慢速维持荷载法，设计有需要时也可采用多循环加、卸载法或恒载法。慢速维持荷载法的加卸载分级、试验方法及稳定标准可按单桩竖向抗压静载试验的有关规定执行。

（1）每级加载后按第 5min、15min、30min、45mm、60min 测读桩顶上拔量，以后每隔 30min 测读一次桩顶上拔量。

（2）试桩沉降相对稳定标准：每 1h 内的桩顶上拔量不超过 0.1mm，并连续出现两次（从分级荷载施加后第 30min 开始，按 1.5h 连续三次每 30min 的上拔观测值计算）。

（3）当桩顶上拔速率达到相对稳定标准时，可施加下一级荷载。

（4）卸载时，每级荷载维持 1h，分别按第 15min、30min、60min 测读桩顶上拔量后，即可卸下一级荷载；卸载至零后，应测读桩顶残余上拔量，维持时间不得少于 3h，测读时间分别为第 15min、30min，以后每隔 30min 测读一次桩顶残余上拔量。

3. 终止加载条件

（1）在某级荷载作用下，桩顶上拔位移量大于前一级上拔荷载作用下上拔量的 5 倍。

（2）按桩顶上拔量控制，累计桩顶上拔量超过 100mm 时。

（3）按钢筋抗拉强度控制，钢筋应力达到钢筋强度设计值，或某根钢筋拉断。

（4）对于工程桩验收检测，达到设计或抗裂要求的最大上拔量或上拔荷载值。

7.3.4 试验资料整理

1. 填写试验记录表

试验中，为了能够准确地描述静载荷试验过程，便于统计、应用及查阅，基桩竖向抗拔静载荷试验成果宜整理成表格形式，并且对成桩和试验过程中出现的异常现象做必要补充说明。单桩竖向抗拔静载试验记录表见表 7.8。

表 7.8　　　　　　　　　　单桩竖拔抗压静载试验记录表

工程名称								桩号		日期		
加载级	油压 /MPa	荷载 /kN	测度时间	位移计（百分表）读数				本级上拔 /mm		累计上拔 /mm		备注
				1 号	2 号	3 号	4 号					

检测单位：　　　　　　　　　　　　　　　　　　　校核：　　　　　　记录：

2. 绘制有关试验成果曲线

单桩竖向抗拔静载荷试验报告资料应包括以下内容：

（1）绘制单桩竖向抗拔静载荷试验上拔荷载-桩顶上拔量（$U - \delta$）关系曲线。

（2）绘制桩顶上拔量-时间对数关系曲线（$\delta - \lg t$）。

（3）当前两种曲线难以判别时，也可以绘制桩顶上拔量-试验上拔荷载对数关系曲线（$\delta - \lg U$）或试验上拔荷载对数-桩顶上拔量对数关系曲线（$\lg U - \lg \delta$），以确定拐点位置。

（4）当进行抗拔侧阻力、桩身轴力量测时，尚应根据量测结果整理出有关表格，绘制各级荷载作用下抗拔侧阻力、桩身轴力随桩顶上拔荷载的变化曲线。

7.3.5 单桩竖向抗拔承载力的确定

7.3.5.1 单桩竖向抗拔极限承载力的确定

（1）根据上拔量随荷载变化的特征确定：对于陡变型 $U-\delta$ 曲线（图 7.11），应取陡升起始点对应的荷载值；大量试验结果表明，单桩竖向抗拔 $U-\delta$ 曲线大致可划分为三段：第 Ⅰ 段为直线段，$U-\delta$ 按比例增加；第 Ⅱ 段为曲线段，随着桩土相对位移的增大，上拔位移比侧阻力增加的速率快；第 Ⅲ 段又呈直线段，此时即使上拔荷载增加很小，桩的位移量仍继续上升，同时征用地面往往出现环向裂缝，第 Ⅲ 段起始点所对应的荷载值即为桩的竖向抗拔极限承载力 U_u。

（2）根据上拔量随时间变化的特征确定：应取 $\delta-\lg t$ 曲线斜率明显变陡或曲线尾部明显弯曲的前一级荷载值，如图 7-12 所示。

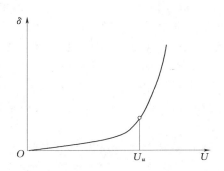

图 7.11 根据 $U-\delta$ 曲线确定单桩抗拔极限承载力（陡变型 $U-\delta$ 曲线）　　图 7.12 根据 $\delta-\lg t$ 曲线确定单桩抗拔极限承载力（缓变型 $U-\delta$ 曲线）

（3）当在某级荷载下抗拔钢筋断裂时，取其前一级荷载值。

（4）当验收检测的受检桩在最大上拔荷载作用下，未出现前三种情况时，可按以下方法确定单桩竖向抗拔极限承载力：

1）设计要求最大上拔量控制值对应的荷载。

2）施加的最大荷载。

3）钢筋应力达到设计强度值时对应的荷载。

7.3.5.2 单桩竖向抗拔承载力特征值的确定

（1）取单桩竖向抗拔极限承载力的一半。

（2）当工程桩不允许带裂缝工作时，取桩身开裂的前一级荷载作为单桩竖向抗拔承载力特征值，并与按极限承载力一半取值确定的承载力相比，取小值。

7.4 单桩水平静载试验

单桩水平静载试验可以确定单桩水平临界荷载和极限荷载，推定土抗力参数，对工程桩的水平承载力进行检验和评价。测试前在桩身埋设应变片、土压力等传感器，可测量相应水平荷载作用下的桩身应力、桩侧土压力等，由此计算得出桩身弯矩分布及桩侧土压力分布情况，可为检验桩身强度、推求不同深度弹性地基系数提供依据。

7.4.1　水平荷载作用下的单桩工作机理

桩所受的水平荷载部分由桩本身承担，大部分是通过桩传给桩侧土体，其工作性能主要体现在桩与土的相互作用上，当桩产生水平变位时，桩周土也产生相应的变形，而产生的土抗力会阻止桩变形的进一步发展。

在桩受荷初期，由接近地面的土提供抗力，土处于弹性变形阶段；随着荷载增大，桩变形量增加，表层土出现塑性屈服，土抗力逐渐由浅层土向深土层提供过渡；随着变形量的进一步加大，土体塑性区自上而下逐渐开展扩大，最大弯矩断面下移，当桩本身的截面抵抗拒无法承担外部荷载产生的弯矩或桩侧土强度遭到破坏稳定时，桩土体系处于破坏状态。

按桩土相对刚度（即桩的刚性特征与土的刚性特征之间的相对关系）的不同，桩土体系的破坏机理及工作状态分为两类：一是刚性短桩，此类桩的桩径大，桩入土深度小，桩的抗弯刚度比地基土刚度大很多，在水平力作用下，桩身像刚体一样绕桩上某点转动或平移；此类桩的水平承载力由桩周土的强度控制；二是弹性长桩，此类桩的桩径小，桩入土深度大，桩的抗弯刚度与土刚度相比较具柔性，在水平力作用下，桩身发生挠曲变形，桩下段嵌固于土中不能转动；此类桩的水平承载力由桩身材料的抗弯强度和桩周土的抗力控制。

对于钢筋混凝土弹性长桩，因其抗拉强度远低于抗压强度，所以在水平荷载作用下，桩身的挠曲变形将导致桩身截面受拉侧开裂，然后渐趋破坏；当设计采用这种桩作为水平承载桩时，除考虑上部结构对位移限值的要求外，还应根据结构构件的裂缝控制等级，考虑桩身截面开裂的问题；但对抗弯性能好的钢筋混凝土预制桩和钢桩，因其可承受较大的挠曲变形，设计时主要考虑上部结构水平位移允许值的问题。

影响桩水平承载力的因素很多，包括桩的截面刚度、材料强度、桩侧土质条件、桩的入土深度和桩顶约束条件等等；工程中通过静载试验直接获得水平承载力的方法因试验桩与工程桩边界条件的差别，结果很难完全反应工程桩实际工作情况；此时可通过静载试验测得桩周土的地基反力特性，即地基土水平抗力系数，该系数反映桩在不同深度处桩侧土抗力和水平位移的关系，可视为土的固有特性，从而为设计人员确定土抗力大小、计算单桩水平承载力提供依据。

7.4.2　试验设备

单桩水平静载荷试验装置如图 7.13 所示，包括以下三部分：

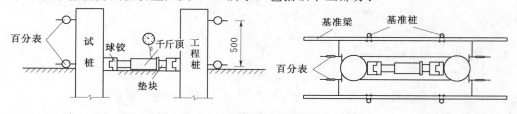

图 7.13　单桩水平静载荷试验装置示意图

1. 加载装置

试桩时宜采用卧式千斤顶加载，加载能力不小于最大试验荷载的 1.2 倍。用测力环或测力传感器测定施加的荷载值，对往复式循环试验可采用双向往复式油压千斤顶，水平力作用线应通过地面标高处（地面标高处应与实际工程桩承台地面标高一致）。为了防止桩身荷载作用点处局部的挤压破坏，一般需用钢块对荷载作用点进行局部加强，在千斤顶与试桩接触处安置一球形铰座。

2. 反力装置

反力装置的选用应考虑充分利用试桩周围的现有条件，但必须满足其承载力应大于最大预估荷载的 1.2 倍的要求，其作用力方向上的刚度不应小于试桩本身的刚度。常用的方法是利用试桩周围的工程桩或垂直静载荷试验用的锚桩作为反力墩，也可根据需要把两根或更多根桩连成一体作为反力墩，条件许可时也可利用周围现有结构物作为反力装置。必要时，还可浇筑专门支墩作为反力装置。

3. 量测装置

（1）桩顶水平位移量测。桩顶水平位移采用大量程百分表来量测，每一试桩都应在荷载作用平面和该平面以上 50cm 左右各安装 1 只或 2 只百分表，下表量测桩身在地面处的水平位移，上表量测桩顶水平位移，根据两表位移差与两表距离的比值求出地面以上桩身的转角。如果桩身露出地面较短，也可只在荷载作用水平面上安装百分表量测水平位移。

位移测量基准点设置不应受试验和其他因素的影响，基准点应设置在与作用力方向垂直且与位移方向相反的试桩侧面，基准点与试桩净距不应小于 1 倍桩径。

（2）桩身弯矩量测。水平荷载作用下桩身的弯矩并不能直接量测得到，它只能通过量测得到桩身的应变来推算。因此，当需要研究桩身弯矩的分布规律时，应在桩身粘贴应变量测元件。量测预制桩和灌注桩桩身应变时，可采用在钢筋表面粘贴电阻应变片制成的应变计。

各测试断面的测量传感器应沿受力方向对称布置在远离中性轴的受拉和受压主筋上，埋设传感器的纵剖面与受力方向之间的夹角不大于 $10°$；在地面下 10 倍桩径的主要受力部分应加密测试断面，断面间距不宜超过 1 倍桩径；超过此深度，测试断面间距可适当加大。

（3）桩身挠曲变形量测。量测桩身的挠曲变形，可在桩内预埋测斜管，用测斜仪量测不同深度处桩截面倾角，利用桩顶实测位移或桩端转角和位移为零的条件（适用于长桩），求出桩身的挠曲变形曲线。由于测斜管埋设比较困难，系统误差较大，较好的方法是利用应变片测得各断面的弯曲应变，直接推算桩轴线的挠曲变形。

7.4.3　试验方法

7.4.3.1　试桩要求

（1）试桩的位置应根据场地地质、地形条件和设计要求及地区经验等因素综合考虑，选择有代表性的地点，一般应位于工程建设或使用过程中可能出现最不利条件的地方。

（2）试桩前应在离试桩边 2～6m 范围内布置工程地质钻孔，在 $16D$ 的深度范围内，按间距为 1m 取土样进行常规物理力学性质试验，有条件时亦应进行其他原位测试，如十字板剪切试验、静力触探试验、标准贯入试验等。

（3）试校数量应根据设计要求和工程地质条件确定，一般不少于 2 根。

（4）当桩身埋设有量测元件时，应严格控制试桩方向，沉桩时桩顶中心偏差不大于 $D/8$，并不大于 10cm，轴线倾斜度不大于 0.1%，最终实际受荷方向与设计要求的方向之间的夹角应小于 ±10°。

（5）从成桩到开始试验的时间间隔，砂性土中的打入桩不应少于 3d；黏性土中的打入桩不应少于 14d；钻孔灌注桩从灌入混凝土到试桩的时间间隔一般不少于 28d。

7.4.3.2　加载与卸载方式

实际工程中，单桩水平承载力与荷载稳定时间、加载形式、周期、加荷速率等因素有关，因此水平静载试验的加载方法宜根据工程桩实际受力特性选用，常用的加卸荷方式有单向多循环加卸荷法或慢速维持荷载法。当对试桩桩身横截面弯曲应变进行测量时，宜采用维持荷载法。

为设计提供依据的试验桩，宜加载至桩顶出现较大水平位移或桩身结构破坏；对工程桩抽样检测，可按设计要求的水平位移允许值控制加载。

1. 单向多循环加载法

分级荷载应小于预估水平极限承载力或最大试验荷载的 1/10。每级荷载施加后，恒载 4min 后可测读水平位移，然后卸载至零，停 2min 后测读残余水平位移，至此完成一个加卸载循环；如此循环 5 次，完成一级荷载的位移观测。试验不得中断停顿。

2. 慢速维持荷载法加载、卸载

加载应分级进行，采用逐级等量加载；分级荷载宜为最大加载量或预估极限承载力的 1/10，其中第一级加载量可取分级荷载的 2 倍；卸载也应分级进行，每级卸载量宜取加载时分级荷载的 2 倍，且应逐级等量卸载；加载、卸载时，应使荷载传递均匀、连续、无冲击，每级荷载在维持过程中的变化幅度不得超过分级荷载的 ±10%。

3. 慢速维持荷载法试验步骤

（1）每级加载后按第 5min、15min、30min、45mm、60min 测读桩身水平位移量，以后每隔 30min 测读一次桩身水平位移量。

（2）试桩水平位移相对稳定标准：每 1h 内的桩身水平位移量不超过 0.1mm，并连续出现两次（从分级荷载施加后第 30min 开始，按 1.5h 连续三次每 30min 的位移观测值计算）。

（3）当水平位移速率达到相对稳定标准时，可施加下一级荷载。

（4）卸载时，每级荷载维持 1h，分别按第 15min、30min、60min 测读桩身水平位移量后，即可卸下一级荷载；卸载至零后，应测读桩身残余水平位移量，维持时间不得少于 3h，测读时间分别为第 15min、30min，以后每隔 30min 测读一次桩身残余位移量。

7.4.3.3　终止试验条件

当试验过程出现下列情况之一时，即可终止加载。

（1）桩身折断。

（2）桩身水平位移超过 30~40mm；软土中的桩或大直径桩时可取高值。

（3）水平位移达到设计要求的水平位移允许值。

7.4.4 试验资料整理

1. 填写试验记录表

单桩水平静载荷试验桩的基本情况及施工概况可参照表7.6记录，对试验过程中发生的异常现象加以记录和补充。单桩水平静载荷试验记录表按表7.9的形式整理。

表 7.9　　　　　　　　　　　　单桩水平静载试验记录表

工程名称								桩号		日期		上下表距
油压 /MPa	荷载 /kN	观测时间	循环数	加载		卸载		水平位移/mm		加载上下表读数差	转角	备注
				上表	下表	上表	下表	加载	卸载			

检测单位：　　　　　　　　　　　　　　校核：　　　　　　记录：

2. 绘制单桩水平静载荷试验曲线

（1）采用单向多循环加载法时，应绘制水平力-时间-作用点位移（$H-t-X$）关系曲线和水平力-位移梯度（$H-\Delta X/\Delta H$）关系曲线，如图7.14、图7.15所示。

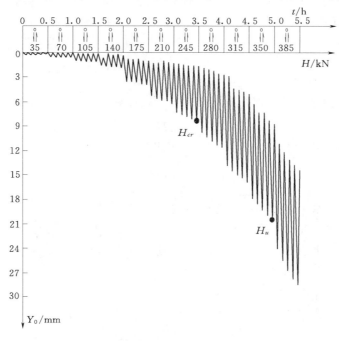

图 7.14　单桩水平静载试验水平力-时间-位移

（$H-t-X$）关系曲线

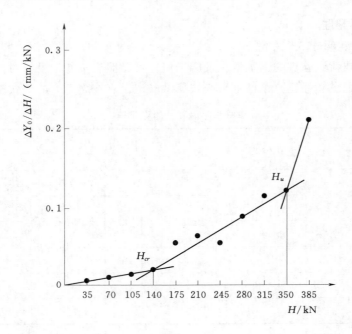

图 7.15　单桩水平力-位移梯度［$H-(\Delta X/\Delta H)$］曲线

（2）采用慢速维持荷载法时，应绘制水平力-力作用点位移（$H-Y_0$）关系曲线、水平力-位移梯度［$H-(\Delta X/\Delta H)$］关系曲线、力作用点位移-时间对数（$Y_0-\lg Y_0$）关系曲线和水平力-力作用点位移双对数（$\lg H-\lg Y_0$）关系曲线。

（3）绘制水平力、水平力作用点水平位移-地基土水平抗力系数的比例关系的关系曲线（$H-m$、Y_0-m）。

3. 计算地基土水平抗力系数的比例系数

地基土水平抗力系数的比例系数可按下列公式计算：

$$m=\frac{(\nu_y H)^{\frac{5}{3}}}{b_0 Y_0^{\frac{5}{3}}(EI)^{\frac{2}{3}}} \tag{7.1}$$

$$a=\left(\frac{mb_0}{EI}\right)^{\frac{1}{5}} \tag{7.2}$$

式中　m——地基土水平抗力系数的比例系数，kN/m^4；

　　　a——桩的水平变形系数，m^{-1}；

　　　ν_y——桩顶水平位移系数，当 $ah\geqslant4.0$ 时，$\nu_y=2.441$，h 为桩的入土深度；

　　　H——作用于地面的水平力，kN；

　　　Y_0——水平力作用点的水平位移，m；

　　　EI——桩身抗弯刚度，$kN\cdot m^2$，E 为桩身材料弹性模量，I 为桩身换算截面惯性矩；

　　　b_0——桩身计算宽度，m；对于圆柱桩：当桩径 $D\leqslant1.0m$ 时，$b_0=0.9(1.5D+0.5)$，当桩径 $D>1.0m$ 时，$b_0=0.9(D+1)$；对于矩形桩：当边宽 $B\leqslant$

1.0m 时，$b_0 = 1.5B + 0.5$，当边宽 $B > 1.0$m 时，$b_0 = B + 1$。

7.4.5 单桩水平临界荷载和极限荷载的确定

7.4.5.1 单桩水平临界荷载 H_{cr} 确定方法

单桩水平临界荷载 H_{cr} 是相当于桩身开裂、受拉区混凝土不参加工作时的桩顶水平力，可按下列方法综合确定：

（1）取单向多循环加载法时的 $H-t-Y_0$ 曲线出现拐点的前一级荷载。

（2）慢速维持荷载法时的 $H-Y_0$ 曲线出现拐点的前一级荷载 H_{cr}。

（3）取 $H-(\Delta Y_0/\Delta H)$ 曲线或 $\lg H - \lg Y_0$ 曲线上第一拐点对应的荷载。

（4）当桩身埋设有钢筋应力计时，取 $H-\sigma_s$ 曲线第一拐点对应的水平荷载值为水平临界荷载 H_{cr}，如图 7.16 所示。

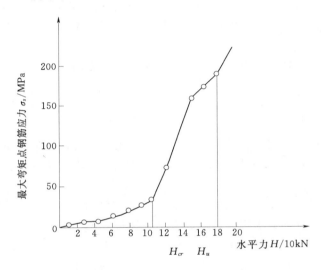

图 7.16 当桩身埋设有钢筋应力计时的水平临界荷载 H_{cr}

7.4.5.2 单桩水平极限荷载 H_u 确定方法

单桩水平极限荷载 H_u 是相当于桩身应力达到强度极限时的桩顶水平力，可根据下列方法综合确定：

（1）单向多循环加载法时的 $H-t-Y_0$ 曲线产生明显陡降的前一级荷载。

（2）取慢速维持荷载法的 $H-Y_0$ 曲线发生明显陡降的起始点对应的水平荷载值。

（3）取慢速维持荷载法的 $Y_0-\lg t$ 曲线尾部出现明显弯曲的前一级水平荷载值。

（4）取 $H-(\Delta Y_0/\Delta H)$ 曲线或 $\lg H - \lg Y_0$ 曲线上第二拐点对应的水平荷载。

（5）取桩身折断或受拉钢筋屈服时的前一级水平荷载。

7.4.5.3 单桩水平承载力特征值确定方法

按照水平极限承载力和水平临界荷载统计值确定后（按照单桩竖向抗压承载力统计值的确定方法），单位工程同一条件下的单桩水平承载力特征值的确定应符合下列规定：

（1）当桩身不允许开裂或灌注桩的桩身配筋率小于 0.65％ 时，可取水平临界荷载的 0.75 倍作为单桩水平承载力特征值。

（2）对钢筋混凝土预制桩、钢桩和桩身配筋率不小于 0.65％的灌注桩，可取设计桩顶标高处水平位移对应荷载的 0.75 倍作为单桩水平承载力特征值；水平位移可按下列规定取值：

1）对水平位移敏感的建筑物取 6mm。

2）对水平位移不敏感的建筑物取 10mm。

（3）取设计要求的水平允许位移对应的水平荷载作为单桩水平承载力特征值，且应满足有关规范抗裂设计的要求。

单桩水平极限承载力、水平临界荷载统计值的确定应符合下列规定：

（1）当极差不超过平均值的 30％时，取其算术平均值为单桩水平极限承载力、水平临界荷载。

（2）当其极差超过平均值的 30％时，应分析级差过大的原因，结合桩型、施工工艺、地基条件、基础形式等工程具体情况综合确定，当不能明确极差过大的原因时，可增加试桩数量。

（3）对桩数少于 3 根或桩基承台下的桩数不大于 3 根时，应取低值。

7.5 钻芯法

采用岩芯钻探技术和施工工艺，在桩身上沿桩身长度方向钻取混凝土芯样及桩端岩土芯样，通过对芯样的观察和测试，用以评价成桩质量的检测方法称为钻孔取芯法，简称钻芯法。

钻芯法是检测现浇混凝土灌注桩的成桩质量的一种有效手段，不受场地条件的限制，检测效果直观准确，特别适用于大直径混凝土灌注桩。钻芯法不仅可以直接观测灌注桩的完整性，还能够检测桩长、桩底沉渣厚度以及桩底岩土层的性状，钻芯法还是检验灌注桩桩身混凝土强度的可靠方法，这些检测内容是其他方法无法替代的。

桩身完整性：反映桩身截面尺寸相对变化、桩身材料密实性和连续性的综合性指标，如桩身混凝土有无气孔、松散或断桩等。

在多种桩身完整性检测方法中，钻芯法最为直观可靠。但该法取样部位有局限性，只能反映钻孔范围内的小部分混凝土质量，存在盲点，容易以点代面造成误判或漏判。钻芯法对查明大面积的混凝土酥松、离析、夹泥、孔洞等比较有功效，而对局部缺陷和水平裂缝等判断就不一定十分准确。另外，钻芯法还存在设备庞大、费工费时、价格昂贵的缺点。因此，钻芯法不宜用于大批量检测，只能用于抽样检查，或作为对无损检测结果的验证手段。实践经验表明，采用钻芯法与超声法联合检测、综合判定的办法评定大直径灌注桩的质量，是十分有效的办法。

7.5.1 试验仪器

钻取芯样及芯样加工的主要设备与仪器如下：

（1）岩心钻机。钻芯机应具有足够的刚度、操作灵活、固定和移动方便，并应有水冷却系统。

（2）钻具。采用单动双管钻具，钻杆直径 50mm，并配备相应的孔口管、扩孔器、卡簧、扶正稳定器和可捞取松软渣样的钻具。金刚石钻头外径不小于 100mm。水泵：排水量 50～160L/min，泵压 1.0～2.0MPa。钻头宜采用人造金刚石薄壁钻头。钻头胎体不得有肉眼可见的裂缝、缺边、少角、倾斜及喇叭口变形。钻头胎体对钢体的同心度偏差不得大于 0.3mm，钻头的径向跳动不应大于 1.5mm。

（3）锯切机和磨平机。锯切芯样时使用的锯切机和磨平芯样的磨平机，应具有冷却系统和牢固夹紧芯样的装置；配套使用的人造金刚石圆锯片应有足够的刚度。

（4）补平装置。芯样宜采用补平装置（或研磨机）进行芯样端面加工。补平装置除应保证芯样的端面平整外，尚应保证芯样端面与芯样轴线垂直。

（5）其他辅助工具。游标卡尺、钢板（卷）尺、游标量角器、角尺、塞尺等。

（6）探测钢筋位置的磁感仪，应适用于现场操作，最大探测深度不应小于 60mm，探测位置偏差不宜大于±5mm。

7.5.2　试验方法

钻芯机就位并安放平稳后，应将钻芯机固定，固定的方法应根据钻芯机的构造和施工现场的具体情况确定。钻机设备安装必须周正、稳固、底座水平，钻机立轴中心、天轮中心（天车前沿切点）与孔口中心必须在同一铅垂线上。应确保钻机在钻芯过程中不发生任何倾斜、位移，钻芯孔垂直度偏差小于等于 0.5%。当桩顶面与钻机底座的距离较大时，应安装孔口管，孔口管应垂直且牢固。

钻芯机在未安装钻头之前，应先通电检查主轴旋转方向（三相电动机）。钻芯时用于冷却钻头和排除混凝土碎屑的冷却水的流量，宜为 3～5L/min，出口水的温度不宜超过 30℃。钻进过程中，钻孔内循环水流不得中断，应根据回水含沙量及颜色调整钻进速度。

提钻卸取芯样时。应拧卸钻头和扩孔器，严禁敲打卸芯。

每回次进尺宜控制在 1.5m 内；钻至桩底时，应采取减压、慢速钻进、干钻等适宜的钻芯方法和工艺钻取沉渣并测定沉渣厚度，对桩底强风化岩层或土层，可采用标准贯入试验、动力触探等方法对桩底持力层的岩土性状进行鉴别。

钻取的芯样应稍微晾干后，由上而下按回次顺序放进芯样箱中芯样侧面上应清晰标明回次数、块号、本回次总块数，并应按规范及时记录钻进情况和钻进异常情况，对芯样质量做初步描述。对芯样和标有工程名称、桩号、钻芯孔号、芯样事件采取位置、桩长、孔深、检测单位名称的标示牌的全貌进行拍照。

芯样在运送前应仔细包装，避免损坏。桩基钻芯后所留下的孔洞应及时进行修补。工作完毕后，应及时对钻芯机和芯样加工设备进行维修保养。若所取芯样的高度及质量不能满足规程的加工要求，则应重新钻取芯样。

当单桩质量评价满足设计要求时，应采用 0.5～1.0MPa 的压力，从钻芯孔孔底往上用水泥浆回灌封闭；否则应封存钻芯孔，留待处理。

7.5.3　试验准备及芯样的选取

1. 采用钻芯法检测桩基混凝土强度前，宜具备下列资料：

（1）工程名称（或代号）及设计、施工、建设单位名称。

（2）桩基种类、外形尺寸及数量。

（3）设计采用的混凝土强度等级。

（4）成型日期，原材料（水泥品种、粗骨料粒径等）和试块抗压强度试验报告。

（5）桩基施工中存在问题的记录。

（6）有关的桩基施工图等。

2. 钻孔部位及数量

每根受检桩的钻芯孔数和钻孔位置宜符合下列规定：桩径小于 1.2m 的钻孔 1～2 个孔，桩径为 1.2～1.6 的桩钻 2 孔，桩径大于 1.6m 的桩钻 3 孔。

当钻芯孔为一个时，宜在距桩中心 10～15cm 的位置开孔；当钻芯孔为 2 个或 2 个以上时，开孔位置宜在距桩中心 $0.15～0.25D$ 内均匀对称布置。对桩端持力层的钻探，每根受检桩不少于 1 个孔，钻探深度应满足设计要求。

3. 芯样钻取数量

截取混凝土抗压芯样试件应符合下列规定：当桩长为 10～30m 时，每孔截取 3 组芯样；当桩长小于 10m 时，可取 2 组；当桩长大于 30m 时，不少于 4 组。上部芯样位置距桩顶设计标高不宜大于 1 倍桩径或 1m，下部芯样位置距桩底不宜大于 1 倍桩径或 1m，中间芯样宜等间距截取。缺陷位置能取样时，应截取一组芯样进行混凝土抗压试验。如果同一基桩的钻芯孔数大于一个，其中一孔在深度存在缺陷时，应在其他孔的该深处截取芯样进行混凝土抗压试验。

当桩底持力层为中、微风化岩层且岩芯可制成试件时，应在接近桩底部位截取一组岩石芯样；如遇分层岩性时宜在各层取样。

每组芯样应制作 3 个芯样抗压试件。芯样试件应进行加工和测量。

7.5.4 芯样加工及技术要求

抗压芯样试件的高度与直径之比 H/d 应为 1.0 或 1.5，劈裂试件的高度与直径之比应为 1.0，直拉试件的高径比可为 1.5。

1. 锯切后的芯样应进行端面处理

端面处理可根据情况选择下述方法：

（1）在磨平机上磨平。

（2）用水泥砂浆、水泥净浆、硫磺胶泥或硫磺等材料在专用补平装置上补平，水泥砂浆或水泥净浆适用于抗压强度低于 40MPa 的芯样，补平厚度不宜大于 5mm；硫磺胶泥，适用于抗压强度低于 40MPa 的芯样，补平厚度不宜大于 1.5mm。

补平面应与芯样结合牢固，受压时补平层与芯样的结合面不得提前破坏。作为承受直拉荷载的芯样试件，其端面应在磨平机上磨平，处理后用建筑结构胶在试件两个端面粘贴特制的钢卡具，两个钢卡具的平面板部分应平行，拉杆部分应与芯样试件的轴线重合。

2. 芯样在试验前应对其几何尺寸做下列测量

（1）平均直径。在相互垂直的两个位置上，用游标卡尺测量芯样表观直径偏小的部位的直径，取两次测量的算术平均值，精确至 0.5mm。

（2）芯样高度。用钢卷尺或钢板尺进行测量，精确至 1mm。

（3）垂直度。用游标量角器测量两个端面与母线的夹角，精确至 0.1°。

（4）平整度。用钢板尺或角尺紧靠在芯样端面上，一面转动钢板尺，一面用塞尺测量与芯样端面之间的缝隙，或用专用设备量测。

3. 芯样尺寸偏差及外观质量超过下列数值时，不得用作抗压强度试验

（1）芯样有裂缝或有其他较大缺陷。

（2）芯样内部含有钢筋。

（3）经端面补平后的芯样，高径比 H/d 小于要求高径比的 0.95 或大于 1.05。

（4）岩石芯样试件高度小于 2.0d 或大于 2.5d。

（5）沿芯样高度任一直径与平均直径相差达 2mm 以上。

（6）抗压芯样端面的不平整度在 100mm 长度内超过 0.1mm。

（7）抗压芯样端面与轴线的不垂直度超过 2°。

（8）表观混凝土粗骨料最大粒径大于芯样试件平均直径 0.5 倍。

7.5.5　试件抗压强度试验

芯样试件制作完毕可立即进行抗压强度试验。混凝土芯样试件的抗压强度试验应按国家标准《普通混凝土力学性能试验方法标准》（GB/T 50081—2019）的有关规定执行。具体试验步骤如下：

（1）芯样试件应在 20℃±5℃的清水中浸泡 40～48h，从水中取出后进行抗压强度试验。

（2）将试件表面与上下承压板面擦干净，将试件置于试验机上下压板之间，使试件的纵轴与加压板的中心一致。

（3）开动压力试验机，当上压板与试件或钢垫块接近时，调整球座，使接触均衡；试验机的加压板与试件的端面之间要紧密接触，中间不得夹入有缓冲作用的其他物质。

（4）应连续均匀地加荷，混凝土强度等级小于 C30 时，加荷速度取每秒钟 0.3～0.5MPa。混凝土强度等级不小于 C30 且小于 C60 时，取每秒钟 0.5～0.8MPa；混凝土强度等级不小于 C60 时，取每秒 0.8～1.0MPa。

（5）当试件接近破坏开始急剧变形时，应停止调整试验机油门，直至破坏。记录破坏荷载。

抗压强度试验后，若发现试件内混凝土粗骨料最大粒径大于 0.5 倍芯样平均直径，且强度值异常时，该试件的强度值不得参与统计平均。

混凝土芯样试件抗压强度应按下列公式计算：

$$f_{cor} = \frac{4P}{\pi d^2} \tag{7.3}$$

式中　f_{cor}——混凝土芯样试件抗压强度，MPa，精确至 0.1MPa；

　　　　P——芯样试件抗压试验测得的破坏荷载，N；

　　　　d——芯样试件的平均直径，mm。

7.5.6　试验数据分析与判定

每根受检桩混凝土试件抗压强度的确定按下列规定：

（1）混凝土芯样试件抗压强度检测值取一组 3 块试件强度值的平均值。同一受检桩同一深度部位有两组或两组以上混凝土芯样试件抗压强度时，取其平均值为该桩该深度处混

凝土芯样试件抗压强度检测值。

（2）受检桩中不同深度位置的混凝土芯样试件抗压强度检测值中的最小值为该桩混凝土芯样试件抗压强度检测值。

（3）桩底持力层性状应根据芯样特征、岩石芯样单轴抗压强度实验、动力触探或标准贯入试验结果，综合判定桩底持力层岩土性状。

（4）桩身完整性类别应结合钻芯孔数、现场混凝土芯样特征、芯样单轴抗压强度试验结果，按表 7.10、表 7.11 进行综合判定。

表 7.10　　　　　　　　　　桩 身 完 整 性 分 类 表

桩身完整性类别	分类原则
Ⅰ类桩	桩身完整
Ⅱ类桩	桩身有轻微缺陷，不会影响桩身结构承载力的正常发挥
Ⅲ类桩	桩身有明显缺陷，对桩身结构承载力有影响
Ⅳ类桩	桩身存在严重缺陷

表 7.11　　　　　　　　　桩身完整性判定表（JGJ 106—2014）

类别	特征		
	单孔	两孔	三孔
Ⅰ类	混凝土芯样连续、完整、胶结好，芯样侧表面光滑、骨料分布均匀，芯样呈长柱状、断口吻合		
	芯样侧表面仅见少量气孔	局部芯样侧表面有少量气孔、蜂窝麻面、沟槽，但在另一孔同一深度部位的芯样中未出现，否则应判定为Ⅱ类桩	局部芯样侧表面有少量气孔、蜂窝麻面、沟槽，但在三孔同一深度部位的芯样中未同时出现，否则应判定为Ⅱ类桩
Ⅱ类	混凝土芯样连续、完整、胶结较好，芯样侧表面较光滑、骨料分布基本均匀，芯样呈柱状、断口基本吻合。有下列情况之一：		
	1. 局部芯样侧表面有蜂窝麻面、沟槽或较多气孔； 2. 芯样侧表面蜂窝麻面严重、沟槽连续或局部芯样骨料分布极不均匀，但对应部位的混凝土芯样试件抗压强度检测值满足设计要求，否则应判定为Ⅲ类桩	1. 芯样侧表面有较多气孔、严重蜂窝麻面、连续沟槽或局部混凝土芯样骨料分布不均匀，但在两孔同一深度部位的芯样中未同时出现； 2. 芯样侧表面有较多气孔、严重蜂窝麻面、连续沟槽或局部混凝土芯样骨料分布不均匀，且在另一孔同一深度部位的芯样中同时出现，但该深度部位的混凝土芯样试件抗压强度检测值满足设计要求，否则应判定为Ⅲ类桩； 3. 任一孔局部混凝土芯样破碎段长度不大于 10cm，且在另一孔同一深度部位的局部混凝土芯样的外观判定完整性类别为Ⅰ类桩或Ⅱ类桩，否则应判定为Ⅲ类桩或Ⅳ类桩	1. 芯样侧表面有较多气孔、严重蜂窝麻面、连续沟槽或局部混凝土芯样骨料分布不均匀，但在三孔同一深度部位的芯样中未同时出现； 2. 芯样侧表面有较多气孔、严重蜂窝麻面、连续沟槽或局部混凝土芯样骨料分布不均匀，且在任两孔或三孔同一深度部位的芯样中同时出现，但该深度部位的混凝土芯样试件抗压强度检测值满足设计要求，否则应判定为Ⅲ类桩； 3. 任一孔局部混凝土芯样破碎段长度不大于 10cm，且在另两孔同一深度部位的局部混凝土芯样的外观判定完整性类别为Ⅰ类桩或Ⅱ类桩，否则应判定为Ⅲ类桩或Ⅳ类桩

类别	特征		
	单孔	两孔	三孔
Ⅲ类	大部分混凝土芯样胶结较好，无松散、夹泥现象。有下列情况之一： 1. 芯样不连续、多呈短柱状或块状； 2. 局部混凝土芯样破碎段长度不大于10cm	大部分混凝土芯样胶结较好，无松散、夹泥现象。有下列情况之一： 1. 芯样不连续、多呈短柱状或块状； 2. 任一孔局部混凝土芯样破碎段长度大于10cm但不大于20cm，且在另一孔同一深度部位的局部混凝土芯样的外观判定完整性类别为Ⅰ类桩或Ⅱ类桩，否则应判定为Ⅳ类桩	大部分混凝土芯样胶结较好。有下列情况之一： 1. 芯样不连续、多呈短柱状或块状； 2. 任一孔局部混凝土芯样破碎段长度大于10cm但不大于30cm，且在另两孔同一深度部位的局部混凝土芯样的外观判定完整性类别为Ⅰ类桩或Ⅱ类桩，否则应判定为Ⅳ类桩； 3. 任一孔局部混凝土芯样松散段长度不大于10cm，且在另两孔同一深度部位的局部混凝土芯样的外观判定完整性为Ⅰ类桩或Ⅱ类桩，否则应判定为Ⅳ类桩
Ⅳ类	有下列情况之一： 1. 因混凝土胶结质量差而难以钻进； 2. 芯样任一段松散或夹泥； 3. 局部混凝土芯样破碎长度大于10cm	1. 任一孔因混凝土胶结质量差而难以钻进； 2. 混凝土芯样任一段松散或夹泥； 3. 任一孔局部混凝土芯样破碎长度大于20cm； 4. 两孔同一深度部位的混凝土芯样破碎	1. 任一孔因混凝土胶结质量差而难以钻进； 2. 混凝土芯样任一段松散或夹泥段长度大于10cm； 3. 任一孔局部混凝土芯样破碎长度大于30cm； 4. 其中两孔在同一深度部位的混凝土芯样破碎、松散或夹泥

注 1. 多于三个钻芯孔的基桩桩身完整性可类比三孔特征进行判定。
    2. 当上一缺陷的底部位置标高与下一缺陷的顶部位置标高的高差小于30cm时，可认定两缺陷处于同一深度部位。

当混凝土出现分层现象时，宜截取分层部位的芯样进行抗压强度试验。当混凝土抗压强度满足设计要求时，可判定为Ⅱ类桩；当混凝土抗压强度不满足设计要求或不能制作成芯样试件时，应判定为Ⅳ类桩。

成桩质量评价应按单桩进行。当出现下列情况之一时，应判定该受检桩不满足设计要求：桩身完整性类别为Ⅳ类的桩；受检桩混凝土芯样试件抗压强度代表值小于混凝土设计强度等级的桩；桩长、桩底沉渣厚度不满足设计或规范要求的桩；桩底持力层岩土性状（强度）或厚度未达到设计或规范要求的桩。

7.6 低应变动力检测法

桩基动力检测是指在桩顶施加一个动态力（动载荷），动态力可以是瞬态冲击力或稳态激振力。桩-土系统在动态力的作用下产生动态响应，采用不同功能的传感器在桩顶量测动态响应信号（如位移、速度、加速度信号），利用波动理论或机械阻抗理论对记录结果加以分析，从而达到检验桩基施工质量、判断桩身完整性、判定桩身缺陷程度及位置等目的。低应变法具有快速、简便、经济、实用等优点。

根据作用在桩顶上的动荷载能量能否使桩土之间发生一定弹性位移或塑性位移，把动力测桩分为低应变、高应变两种方法。

低应变作用在桩顶上的动荷载远小于桩的使用荷载，能量小，只能使桩土产生弹性变形。

7.6.1　一维弹性应力波理论

1. 应力波

当介质的某个地方突然受到一种扰动，这种扰动产生的变形会沿着介质由近及远传播开去，这种扰动传播的现象称为应力波。如果弹性体在其内部的某一点受到荷载的作用，则荷载所引起的位移、变形和应力，就将以弹性波的形式从该点传播开。根据质点的振动方向与波传播方向的关系可把应力波分为纵波和横波。纵波：弹性体的质点运动方向平行于弹性波传播的方向，依靠介质的弹性压缩和伸张而推动波的传递。横波：弹性体的质点运动方向垂直于弹性体的传播方向，依靠介质的弹性剪切而推动波的传递。

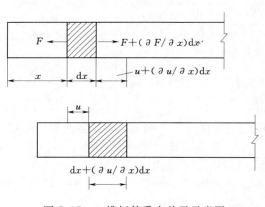

图 7.17　一维杆件受力单元示意图

埋设于地下的桩的长度要远大于其直径，因此，可将其简化为无侧限约束的一维弹性杆件，如图 7.17 所示，弹性波在 x 轴（桩纵轴）方向的波动方程：

$$\varepsilon = \frac{\partial u}{\partial x} = \frac{\sigma}{E} = \frac{F}{EA} \tag{7.4}$$

方程两边对 x 微分：

$$AE\frac{\partial^2 u}{\partial x^2} = \frac{\partial F}{\partial x} \tag{7.5}$$

单元体动平衡方程：

$$\frac{\partial F}{\partial x}\mathrm{d}x = \rho A\mathrm{d}x\frac{\partial^2 u}{\partial t^2} \tag{7.6}$$

$$\frac{\partial^2 u}{\partial t^2} - \frac{E}{\rho}\frac{\partial^2 u}{\partial x^2} = 0 \tag{7.7}$$

可得在桩顶初始扰力作用下产生的应力波沿桩身向下传播的一维波动方程：

$$\frac{\partial^2 u}{\partial t^2} - c^2\frac{\partial^2 u}{\partial x^2} = 0 \tag{7.8}$$

式中　u——x 方向位移，m；

　　　c——桩身材料的纵波波速，m/s，波速与桩身材质有关，$C = \sqrt{E/\rho}$。

2. 波阻抗

波在介质中传播时，作用于某个面积上的压力与单位时间内垂直通过此面积的质点流量之比，具有阻尼的含义，可按下式确定：

$$Z = \rho CA \tag{7.9}$$

式中　ρ——密度；

　　　C——应力波速；

　　　A——桩横截面积。

波阻抗是表示传播介质特性的重要参数，通过波阻抗，将应力波与速度波联系起来。

波阻抗表征介质对波动能量的传送能力，当波从一个介质进入另一种介质时，在分界面上反射与透射的能量取决于两种介质的波阻抗之比。

根据弹性波动理论，一维弹性波在自由边界和固定边界上的应力和位移可按波动方程的边界条件确定。对于固定边界，入射波与反射波的合成位移在边界处为零，因此，反射波位移应当与入射波位移大小相同、符号相反，即两者相对于边界互成镜面倒像以消除边界的运动位移。入射波与反射波叠加的结果使固定边界处的应力较入射波应力大1倍，如图7.18（a）所示。对于自由边界，正好与固定边界相反，反射应力波为入射应力波的镜面倒像，以满足应力为零的自由边界条件，相应位移波形则互为镜面映像，因此，自由边界处的位移较入射波的位移大1倍，应力则大小相同、符号相反，如图7.18（b）所示。

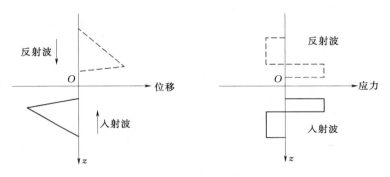

（a）固定端的位移和应力反射波分别为入射波的镜面倒像和镜面映像

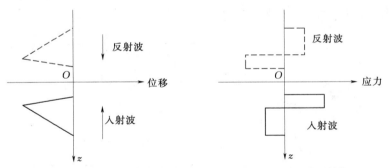

（b）自由端的位移和应力反射波分别为入射波的镜面映像和镜面倒像

图7.18 一维波在固定端与自由端的反射

一维弹性波波动理论应用在桩基检测中可作如下理解：当端承桩、桩端持力层为低压缩性土层或桩为嵌岩桩时，桩顶发射的激振力传播到桩端时，产生桩底反射，可视为固定端；当摩擦桩、桩端持力层为高压缩性土层时，可近似视为自由端。

弹性应力波除在固定端发生反射外，在沿桩身传播过程中，当介质发生变化（即波阻抗发生变化）时，也会产生波的反射。因此，当桩身存在明显波阻抗差异的界面（如桩底、断桩和严重离析等）或桩身截面积发生变化（如缩颈或扩径）时，也将产生反射波。利用应力波在桩中传播时，桩身的波阻抗发生变化会产生反射的原理，通过分析反射波的幅值、相位、到达时间，得出桩缺陷的大小、性质、位置等信息，最终对桩基的完整性给予评价，这就是低应变检测桩基桩身完整性的理论依据。

引起反射波的原因包括桩底、截面发生变化、夹泥、离析、混凝土质量变化、土层变化。

利用高灵敏、高精度的仪器在检测处发射信号，在时间域和频率域上分析波阻抗变化处和桩底处的反射波特性，确定桩身平均波速，判定桩身完整性，进而确定桩身缺陷位置，并且可以校核桩长，估算桩身混凝土强度。

桩身混凝土强度等级可以依据波速来估计，波速与混凝土抗压强度的换算关系，应通过对混凝土试件的波速测定和抗压强度对比试验来确定。通过对 150mm × 150mm × 150mm 标准试件的对比试验确定的桩身纵波波速与混凝土强度的关系见表 7.12。

表 7.12 桩身纵波波速与混凝土强度关系

纵波波速/(m/s)	混凝土强度等级
>4100	>C35
3700～4100	C30
3500～3700	C25
2700～3500	C20
<2700	<C20

7.6.2 检测设备

用于反射波法桩基动测的仪器一般有传感器、放大器、滤波器、数据处理系统以及激振设备和专用附件等。动测系统如图 7.19 所示。

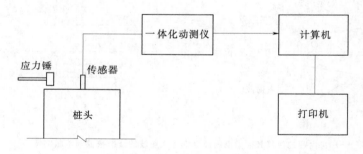

图 7.19 动测系统示意图

1. 传感器

传感器是反射波法桩基动测的重要仪器，传感器一般可选用宽频带的速度传感器或加速度传感器。速度传感器的频率范围宜为 10～500Hz，灵敏度应高于 300mV/cm/s。加速度传感器的频率范围宜为 1～10kHz，灵敏度应高于 100mV/g。

2. 放大器

放大器的增益应大于 60dB，长期变化量小于 1%，折合输入端的噪声水平应低于 3μV，频带宽度应宽于 1～20kHz，滤波频率可调。模数转换器的位数至少应为 8bit，采样时间间隔至少应为 50～1000μs，每个通道数据采集暂存器的容量应不小于 1kbit，多通道采集系统应具有良好的一致性，其振幅偏差应小于3%，相位偏差应小于0.1ms。

3. 激振设备（手锤）

激振设备（手锤）应有不同材质、不同重量之分，以便于改变激振频谱和能量，满足不同的检测目的。目前，工程中常用的锤头有塑料锤头和尼龙锤头，它们激振的主频分别为2000Hz左右和1000Hz左右；锤柄有塑料柄、尼龙柄、铁柄等，柄长可根据需要而变化。一般来说，柄越短，则由柄本身振动所引起的噪声越小，而且短柄产生的力脉冲宽度小、力谱宽度大。当检测深部缺陷时，应选用柄长、重的尼龙锤来加大冲击能量，当检测浅部缺陷时，可选用柄短、轻的尼龙锤。检测用手锤如图7.20所示。

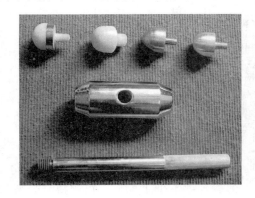

图 7.20　低应变检测用手锤

4. 动测仪

动测仪是接收、转换、显示传感器信号的仪器，其精确度与否直接关系到检测结果的可靠性。目前国内市场上用于检测低应变的动测仪种类繁多，如图7.21所示，检测应用时可参考各检测仪器的出厂使用说明书。

7.6.3　检测方法

1. 检测步骤

现场检测工作一般应遵循以下基本程序：

（1）对被测桩头进行处理，凿去浮浆，打磨平整桩头，要求桩头干净干燥，割除桩外露的过长钢筋。

图 7.21　动测仪设备

（2）传感器安装，传感器应稳固地安置于桩头上，实心桩、空心桩安装位置如图7.22所示。安装位置要求平整，尽可能使传感器垂直与桩头平面。为了保证传感器与桩头的紧密接触，可在传感器底面使用抹黄油、橡皮泥或口香糖耦合，当桩径较大时，可在桩头安放两个或多个传感器。

（3）仪器连接，接通速度、加速度传感器电线，接通电源，对测试仪器进行预热，根据待测桩的情况对所选用的动测仪程序进行设置，进行激振和接收条件的选择性试验，确定最佳激振方式和接收条件。

（4）基桩激振点（手锤敲击点）一般选在桩头的中心部位，具体位置如图 7.22 所示；为了减少随机干扰的影响，可采用信号增强技术进行多次重复激振。

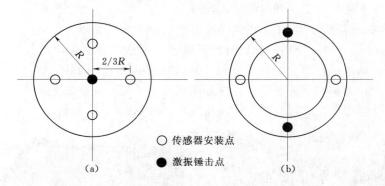

图 7.22　传感器、激振点布置示意图

（5）手锤垂直于桩面，锤击点平整，锤击干脆，形成一维扰动应力波。

（6）应力波信号将显示在屏幕上，完成第一次采集。

（7）形成检测数据。

2．测试参数设定要求

（1）时域信号记录的时间段长度应在 $2L/c$ 时刻后延续不少于 5ms；幅频信号分析的频率范围上限不应小于 2000Hz。

（2）设定桩长应为桩顶测点至桩底的施工长度，设定桩身截面面积为施工截面积。

（3）桩身波速可根据本地区同类型桩的测试值初步设定。

（4）采样时间间隔或采样频率应根据桩长、桩身波速和频域分辨率合理选择；时域信号采样点数不宜少于 1024 点。

（5）传感器的设定值按计量检定或校准结果设定。

3．检测中的注意事项

（1）检测前，应进行现场调查，桩头应凿去浮浆，露出密实的混凝土，由于浮浆层不密实，与下部正常混凝土黏结不良，会形成一个不连续的界面。敲击桩头产生的应力波在这一界面上会形成多次反射，影响应力波向下传播，当正常信号叠加后，会掩盖桩下部的信号。

（2）桩头上激振点与传感器安装位置应凿成大小合适的平面，平面应平整并基本与桩身轴线垂直；激振点及传感器安装位置应远离钢筋笼的主筋，目的是减少外露主筋对测试信号产生干扰。若外露主筋过长，影响正常测试，应将其割短。

（3）为了提高反射波的分辨率，应尽量使用小能量激振并选用截止频率较高的传感器和放大器。

（4）实心桩的激振点宜选择在桩头中心部位，传感器应粘贴在距桩中心约 $2/3R$ 处。敲击产生的应力波除向下传播外，也沿径向周边传播，从周边反射回来的波与圆心外散的波会发生叠加。理论与实践表明，$2/3R$ 处波的干扰最小。空心桩的激振点及传感器安装位置应选择在壁厚 1/2 处且应在同一水平面上，与桩中心连线形成的夹角宜为 90°。

（5）对直径大于 1000mm 的桩（含 1000mm），加速度宜设置四个轴对称测点，每个测点需采集一组信号（大约 10 锤）后，将所有信号叠加平均；直径介于 600～1000mm 的桩（含 600mm），加速度宜设置两个轴对称测点，每个测点采集一组信号进行叠加平均；直径低于 600mm 的桩，可设置一个测点。

（6）由于面波的干扰，桩身浅部的反射比较紊乱，为了有效地识别桩头附近的浅部缺陷，必要时可采用横向激振水平接收的方式进行辅助判别。

（7）每根试桩应进行 3～5 次重复测试，出现异常波形时应立即分析原因，排除影响测试的不良因素后再重复测试，重复测试的波形应与原波形有良好的相似性。

在检测过程中出现异常波形时，应在现场及时研究，排除影响测试的不良因素后再重复测试。重复测试的波形与原波形应具有相似性。

正在检测过程如遇外界干扰或其他不可预见的事故时，应关机停止检测。若发生干扰影响测试结果，则应重新检测；若干扰消除后不影响试验结果，则可继续测试。

因检测仪器，设备发生意外损坏而中断试验，可用备用仪器重新检测，若无备用仪器，则须将损坏的仪器设备进行修复，经检定合格后，再重新检测。

7.6.4 检测结果的应用

1. 波速及缺陷位置的计算

将现场采集到的信号通过消除零飘、指数放大、数字滤波等手段进行实测信号优化处理。根据优化后的时域波形，比较入射波与反射波到达时刻及其振幅、相位、频率等特征，进行分析和计算。以完整桩的首次桩底反射时间 t，计算该桩的波速 C：

$$C = 2L/t \tag{7.10}$$

式中　C——桩身纵波波速，m/s；

　　　L——完整桩的桩长，m；

　　　t——完整桩桩底反射波的传递时间，s。

计算桩身缺陷的位置 L'：

$$L' = C_0 \Delta t_i / 2 \tag{7.11}$$

式中　L'——桩身缺陷离桩顶的距离，m；

　　　Δt_i——桩身缺陷的部位反射波至时间，s；

　　　C_0——场地范围内桩身纵波波速平均值，m/s。

桩身缺陷范围是指桩身缺陷沿轴向的长度 l，如图 7.23 所示，可按下式计算：

$$l = \frac{1}{2} \Delta t C' \tag{7.12}$$

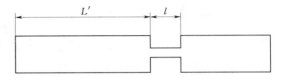

图 7.23　桩身缺陷的位置和范围

式中　l——桩身缺陷范围，m；

　　　Δt——桩身缺陷的上、下面反射波至时间差，s；

　　　C'——桩身缺陷段纵波波速，m/s，可参考表 7.12 确定。

2. 桩身质量评价应用

反射波形的特征是桩身质量的反映，利用反射波曲线进行桩身完整性判定时，应根据波形、相位、振幅、频率及波至时刻等因素综合考虑。

（1）完整桩。完整性好的基桩反射波具有波形规则、清晰、桩底反射波明显，波速正常，同一场地完整桩反射波形具有较好的相似性。应力波在桩身传播、反射及波形如图7.24 所示。

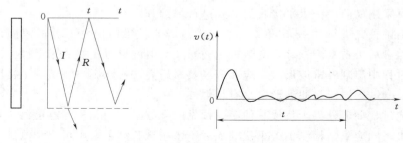

图 7.24　完整桩的波形曲线

（2）截面突变桩。桩身截面变小处反射波为上行拉力波，遇到桩顶自由端反射为下行压力波（$t_1 = t_2 = 2L/C$）；桩身截面变大处反射为上行压力波，遇到桩顶自由端反射为下行拉力波。扩颈桩波形曲线上会出现与入射波相位相反的反射波。需要注意的是，如果桩周土较硬，波形曲线也会出现类似于扩颈的反射波。桩身截面变小桩、变大桩的应力波在桩身传播、反射及波形分别如图 7.25、图 7.26 所示。

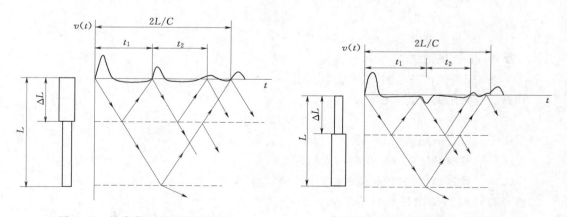

图 7.25　桩身截面变小波形曲线　　　　图 7.26　桩身截面变大波形曲线

（3）断桩。断裂一般表现夹杂一层阻抗较低的介质，在波形曲线上形成同相反射，且往往为多次反射，间隔时间相等，表征断裂位置的第一个反射脉冲幅值较高，前沿比较陡峭。由于断桩处声波能量难以下传，一般桩底反射难以辨认观测，如果是没有夹层裂缝或断层，也可辨认桩底反射。应力波在桩身传播、反射及波形如图 7.27 所示。

（4）半断桩。桩身缺口处的反射波和入射波相位相同，桩底反射波和入射波相位相同。应力波在桩身传播、反射及波形如图 7.28 所示。

（5）离析、夹泥、缩颈桩。离析、夹泥处介质的波速和密度比正常完整桩混凝土小，

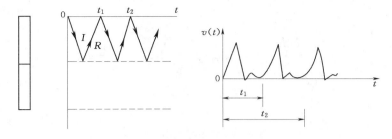

图 7.27 断桩的波形曲线

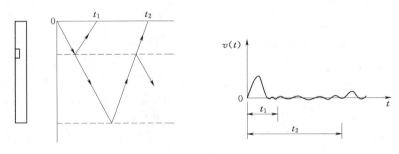

图 7.28 半断桩的波形曲线

导致波阻抗降低，出现同相反射，与缩颈桩类似。缩颈桩和离析桩开始部位的反射波和入射波相位相同，结束部位的反射波和入射波相位相反。缩颈和离析不严重的桩，部分应力波发生透射传播，可看到桩底反射，反射波和入射波相位相同。离析桩应力波在桩身传播及波形如图 7.29 所示。

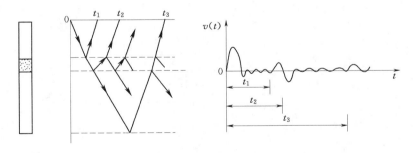

图 7.29 离析桩的波形曲线

（6）扩底桩。扩底桩在扩底开始处的反射波和入射波相位相反，扩底结束处的反射波和入射波相位相同。波形如图 7.30 所示。

（7）截面渐变桩。截面渐变桩不易准确判断，截面渐变过程和侧阻力增加的反射波近似，渐变结束处的反射波和入射波相位相同。波形曲线可近似参考图 7.31。

（8）嵌岩桩。嵌岩效果好的桩，桩底反射波和入射波相位相反。波形曲线如图 7.32 所示。

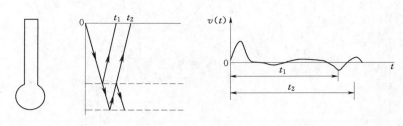

图 7.30 扩底桩的波形曲线

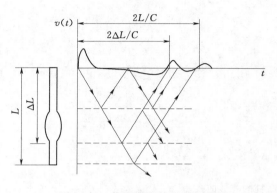

图 7.31 截面渐变桩的波形曲线

3. 波形判定注意事项

（1）根据波列图中的入射波和反射波的波形、相位、振幅、频率及波的到达时间等特征，综合推断单桩完整性。

（2）当入射波到达时间晚于桩底反射波到达时间，且波幅较大，往往出现多次反射，难以观测到桩底反射波的桩，系桩身断裂。

（3）桩截面变化不规则会使波的能量在未到达桩底前被大量反射消耗。

（4）同时判别一个以上的桩身缺陷时非常困难，因为靠上的第一个缺陷会将大部分波的能量反射干扰。当有多处缺陷时，将记录到多个相干涉的反射波组，形成复杂波列。此时应结合工程地质资料、施工原始记录进行综合分析。

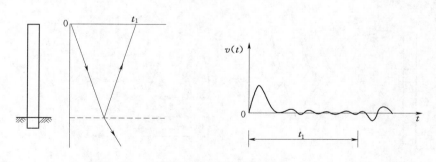

图 7.32 嵌岩桩的波形曲线

（5）低应变法无法检测桩截面渐变、弯曲、微小缺陷、桩底沉渣等缺陷。

目前，低应变法由于具有无损、简便、快捷、高效等优点已广泛应用于桩基完整性检测，但低应变法还存在一定缺陷。由于低应变法建立在一维弹性应力波理论基础上，对于复杂的桩-土体系存在理论假设与实际不相符的问题。因此，在现场检测应用时，必须通过多种手段确保其准确性，同时要与现场打桩施工记录等资料相配合，必要时与其他检测方法共同判定。

7.7 高应变动力检测法

7.7.1 概述

动力试桩是在桩顶作用一动态力（动荷载），在桩顶量测桩土系统的动力响应，如位移、速度或加速度信号，对信号的时域和频域进行分析，可以对单桩承载力和桩身完整性进行评价。高应变测桩法也属于动力检测的一种，与低应变测桩法的主要区别是作用在桩顶上的动荷载能量能使桩土之间发生一定弹性位移或塑性位移。低应变法产生的动应变约为 10^{-5}，高应变法产生的动应变约为 10^{-3}。

1. 高应变法动力试桩法

高应变法用重锤（重量为预估单桩极限承载力的 1%～1.5%）自由下落锤击桩顶，使其应力和应变水平接近静力试桩的水平，使桩土之间的土产生塑性变形，即使桩产生贯入度，一般贯入度不小于 2mm，但不大于 6mm。桩对外有抗力（承载力）是通过位移产生，有了位移，桩侧土强度得到充分发挥，桩端土强度也得到一定程度的发挥，此时，量测的信号含有承载力的因素。高应变动力测桩法将桩锤视为刚体，遵循牛顿刚体碰撞理论、能量和动量守恒定理，通过测试桩的贯入度、回弹量、锤的落高、回跳高度，结合桩锤或土有关的经验系数，预测或评价单桩完整性及承载力。

高应变动力测桩法要求给桩-土系统施加较大能量的瞬时荷载，以保证桩土间产生较大的相对位移。而对于嵌岩桩和超长的摩擦桩，很难通过锤击产生较大的相对位移，使桩端土强度发挥几乎是不可能的，因此，高应变法在检测嵌岩桩和超长摩擦桩时会存在误差。

2. 高应变法动力试桩的主要功能

（1）判定单桩竖向抗压承载力（简称单桩承载力）。单桩承载力是指单桩所具有的承受荷载的能力，其最大的承载能力称为单桩极限承载力。

高应变法判定单桩承载力是桩身结构强度满足轴向荷载的前提下判定地基土对桩的支承能力。

（2）判定桩身完整性。高应变作用在桩顶的能量大，检测桩的有效深度大。对预制方桩和预应力管桩接头是否焊缝开裂等缺陷判断优于低应变法；对等截面桩可以由截面完整系数 β 定量判定缺陷程度，从而判定缺陷是否影响桩身结构的承载力。

（3）对打入式预制桩的打桩应力监控；桩锤效率、锤击能量的传递检测，为沉桩工艺、选择锤击设备提供依据。

（4）对桩身侧阻力和端阻力进行估算。

7.7.2 CASE 法

CASE 法适用于摩擦型的中、小直径预制桩和截面较均匀的灌注桩。应用该方法是需遵循以下要求：

（1）假定桩身波阻抗基本恒定，动阻力只与桩底质点运动速度成正比，即全部动阻力集中于桩端。土阻力在时刻 $t_2=t_1+2L/C$ 已充分发挥。

（2）阻尼系数宜根据同条件下静载试验结果校核，或应在已取得相近条件下可靠对比资料后，采用实测曲线拟合法确定 J_c 值，拟合计算的桩数不应少于检测总桩数的 30%，且不应少于 3 根。当无法准确测定时可参考表 7.13 选用。

表 7.13　　　　　　　　　　　　　阻尼系数经验取值

桩端土质	砂土	粉砂	粉土	粉质黏土	黏土
J_c	0.1～0.5	0.15～0.25	0.25～0.4	0.4～0.7	0.7～1.0

（3）在同一场地、地质条件相近和桩型及其截面积相同情况下，J_c 值的极差不宜大于平均值的 30%。

1. 单桩承载力计算

对于 $t_1 + 2L/C$ 时刻桩侧和桩端土阻力均已充分发挥的摩擦型桩，单桩竖向抗压承载力检测值可按下式计算：

$$R_c = \frac{1}{2}(1 - J_c)\left[F(t_1) + ZV(t_1)\right] + \frac{1}{2}(1 + J_c)\left[F\left(t_1 + \frac{2L}{C}\right) - ZV\left(t_1 + \frac{2L}{C}\right)\right] \tag{7.13}$$

式中　R_c——CASE 法单桩承载力计算值，kN；

　　　J_c——阻尼系数；

　　　t_1——速度低于峰对应的时刻；

　$F(t_1)$——t_1 时刻的锤击力，kN；

　$V(t_1)$——t_1 时刻的质点运动速度，m/s；

　　　Z——桩身截面力学阻抗，kN·s/m，$Z = EA/c$；

　　　A——桩身截面面积，m²；

　　　L——测点下桩长，m；

　　　C——桩身应力波传播速度，m/s；

　　　E——桩身材料弹性模量，kPa。

对于土阻力滞后于 $t_1 + 2L/C$ 时刻明显发挥或先于 $t_1 + 2L/C$ 时刻发挥并产生桩中土上部强烈反弹的情况，宜分别采用下列方法对式（7.13）的计算值进行提高修正，得到单桩竖向抗压承载力检测值：

（1）将 t_1 延时，确定 R_c 的最大值。

（2）计入卸载回弹的土阻力，对 R_c 进行修正。

2. 桩身完整性判断

等截面桩且缺陷深度 x 以上部位的土阻力未出现卸载回弹时，桩身完整性系数 β 和桩身缺陷位置 x 可按式（7.14）计算，桩身完整性可按表 7.14 并结合经验综合判断。

$$\beta = \frac{F(t_1) + F(t_x) - 2R_x + Z\left[V(t_1) - V(t_x)\right]}{F(t_1) - F(t_x) + Z\left[V(t_1) + V(t_x)\right]} \tag{7.14}$$

$$x = C\frac{t_x - t_1}{2000} \tag{7.15}$$

式中　t_x——缺陷反射峰对应的时刻，ms；

　　　x——桩身缺陷至传感器安装点的距离，m；

　　　R_x——缺陷以上部位土阻力的估计值，等于缺陷反射波起始点的力与速度乘以桩身截面力学阻抗之差值，如图 7.33 所示；

β——桩身完整性系数，等于缺陷 x 处桩身截面阻抗与 x 以上桩身截面阻抗的比值。

桩身完整性判定标准见表 7.14。

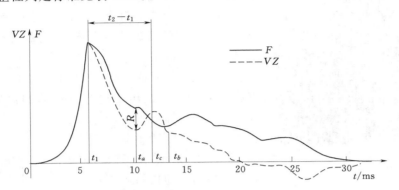

图 7.33 桩身完整性系数计算

表 7.14   桩 身 完 整 性 判 定

类　　别	β　值
Ⅰ类桩	$\beta = 1.0$
Ⅱ类桩	$0.8 \leqslant \beta < 1.0$
Ⅲ类桩	$0.6 \leqslant \beta < 0.8$
Ⅳ类桩	$\beta < 0.6$

7.7.3 检测设备

锤击贯入法试验仪器和设备由锤击装置、锤击力量测和记录设备、贯入度量测设备三部分组成，如图 7.34 所示。

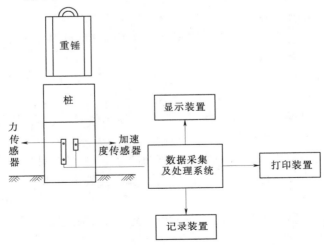

图 7.34 锤击贯入法试验装置示意图

图 7.35　桩锤

1. 锤击装置

锤击装置由重锤、落锤导向柱、起重机具等部分组成，目前常用的锤击装置有多种形式，如钢管脚手架搭设的锤击装置、卡车式锤击装置和全液压步履式试桩机等。但无论采用什么样的锤击装置，都应保证设备具有稳定的导向装置，移动方便，操作灵活，并能提供足够的锤击力。

重锤应形状对称，高径（宽）比不得小于 1。锤的重量与单桩竖向抗压承载力特征值的比值不得小于 0.02。常用桩锤如图 7.35 所示。

2. 锤击力量测和记录设备

（1）击力传感器。锤击力传感器的弹性元件应采用合金结构钢和优质碳素钢。应变元件宜采用电阻值为 120Ω 的箔式应变片，应变片的绝缘电阻应大于 $500M\Omega$。传感器的量程可分为 2000kN、3000kN、4000kN 和 5000kN，额定荷载范围内传感器的非线性误差不得大于 3%。

（2）动态电阻应变仪和光线示波器。锤击力的量程是通过动态电阻应变仪和光线示波器来实现的动态电阻应变仪应变量测范围为 $0\sim\pm1000\mu\varepsilon$，标定误差不得大于 1%，工作频率范围不得小于 $1\sim150Hz$，光线示波器振子非线性误差不得大于 3%，记录纸移动速度的范围宜为 $5\sim2500m/s$。

3. 贯入度量测设备

贯入度的量测多使用分度值为 0.01mm 的百分表和磁性表座。百分表量程有 5mm、10mm 和 30mm 三种。也可用精密水准仪、经纬仪等光学仪器量测。

7.7.4　检测方法

1. 检测前的准备工作

（1）进行承载力检测的桩休止时间应符合表 7.4 的要求。

（2）桩顶面应平整、密实，与桩轴线垂直。桩顶高度应满足锤击装置的要求，桩锤中心应与桩顶对中，锤击装置应垂直架立。

（3）桩头材质强度应比桩身提高 1～2 个等级，混凝土不应低于 C30，桩头中轴线应与桩身上部的中轴线重合。

（4）检测前应对混凝土桩头进行处理，凿除桩顶部的破碎、软弱、不密实的混凝土。在距桩顶 1 倍桩径范围内，用厚度为 3～5mm 的钢板围裹或距离桩顶 1.5 倍桩径范围内设置箍筋，间距不宜大于 100mm，桩顶应设置钢筋网片 1～2 层，间距 60～100mm。

（5）传感器的安装应符合图 7.36，高应变传感器安装未尽事宜可参考《建筑基桩检测技术规范》（JGJ 106—2014）。

（6）桩头应设置桩垫，桩垫可采用 10～30mm 厚的木板或胶合板。

2. 检测注意事项

（1）检测时测试系统应处于正常状态。

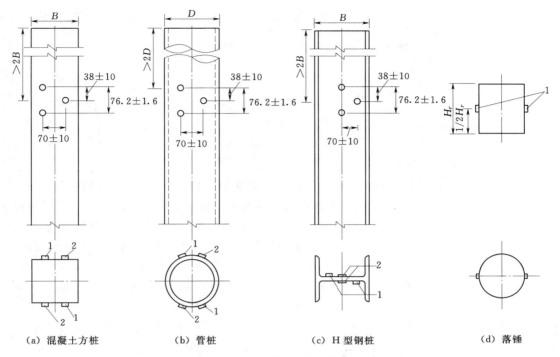

图 7.36 传感器安装示意图

1—加速度传感器；2—应变传感器；B—矩形桩的边宽；D—桩身外径；H_r—落锤锤体高度

（2）采用自由落体为锤击设备时，应符合"重锤低击"的原则，最大锤击落距不宜大于 2.5m。

（3）现场信号采集时，应检查采集信号的质量，并根据桩顶最大动位移、贯入度、桩身最大拉应力、桩身最大压应力、缺陷程度及其发展情况等，综合确定每根受检桩记录的有效锤击信号数量。

（4）承载力检测时实测桩的单击贯入度宜在 2～6mm 之间。

7.7.5 检测报告

高应变桩基检测报告除常规内容外，还应包括以下内容：

（1）计算中实际采用的桩身波速值和 J_c 值。

（2）实测曲线拟合法所选用的各单元桩和土的模型参数、拟合曲线、土阻力沿桩身分布图。

（3）实测贯入度。

（4）试打桩和打桩监控所采用的桩锤型号、桩垫类型，以及监测得到的锤击数、桩侧和桩端静阻力、桩身锤击拉应力和压应力、桩身完整性以及能量传递比随入土深度的变化。

7.8 声波透射法检测

声波透射法是以弹性波在介质中的传播理论为理论基础。在预埋声测管之间发射并接收声波，通过实测声波在混凝土介质中传播的声时、频率和波幅衰减等声学参数的相对变化，对桩身完整性进行检测的方法。

7.8.1 声波法的基本原理

混凝土是由多种材料组成的多相非匀质体。对于正常的混凝土，声波在其中传播的速度是有一定范围的。当传播路径遇到混凝土有缺陷时，如断裂、裂缝、夹泥和密实度差等，声波要绕过缺陷或在传播速度较慢的介质中通过，声波将发生衰减，造成传播时间延长，使声时增大，计算声速降低，波幅减小，波形畸变。利用超声波在混凝土中传播的这些声学参数的变化，来分析判断桩身混凝土质量。

声波透射法检测桩身混凝土质量，是在桩身中预埋若干根声测管。基桩成孔后，灌注混凝土之前，在桩内预埋 2～4 根声测管作为声波发射和接收换能器的通道，在桩身混凝土灌注若干天后开始检测。用声波检测仪沿桩的纵轴方向以一定的间距逐点检测声波穿过桩身各横截面，即将超声波发射、接收探头分别置于 2 根导管中，进行声波发射和接收，使超声波在桩身混凝土中传播，然后对这些检测数据（超声波的传播时间 t、波幅 A 及频率 F 等物理量）进行处理、分析和判断，确定桩身混凝土缺陷的位置、范围、程度，从而推断桩身混凝土的连续性、完整性和均匀性状况，评定桩身完整性等级。

声波透射法适用于检测桩径大于 0.6m 混凝土灌注桩的完整性，因为桩径较小时，声波换能器与检测管的声耦合会引起较大的相对测试误差。其桩长不受限制。

7.8.2 检测设备

声波透射法试验装置包括超声检测仪、超声波发射及接收换能器（亦称探头）、预埋测管等，也可加上换能器标高控制绞车和数据处理计算机。

1. 声波换能器

换能器是声电能量的转换器件，俗称"探头"，能将电能转换成声能，或将声能转换成电能。

把电能转换成声能的转换器称为发射换能器，发射换能器是将声波仪发射机输出的具有一定功率的电信号转换成声信号，发射到岩体中，发射声波利用的是逆压电效应。

把声能转换为电信号的转换器称为接收换能器，接收换能器将岩体中传播的声信号转换成电信号，输入到声波仪接收机的输入系统中，接收声波利用的是正压电效应。

由于实测中对换能器和频率频带、工作方式的要求不同，因此，做成了具有不同结构和不同振动方式的压电换能器。

2. 声波仪

声波仪是声波测试的主要仪器设备，它的主要部件是发射机和接收机，发射机的作用是根据使用要求向声波测试探头输出一定频率的声脉冲，接收机的功能是将接收探测到的微量信号放大，并在示波器上显示或以数字的形式显示。目前我国已研制了多种声波探测仪，多种型号已相继推向市场。

7.8.3 声测管的布置方式

声测管应沿钢筋笼内侧呈对称形状布设，并依次编号，声测管的布置规定如下：

（1）桩径不大于 800mm，不得少于 2 根声测管。

（2）800mm＜桩径≤1600mm，不得少于 3 根声测管。

（3）桩径大于 1600mm，不得少于 4 根。

（4）桩径大于 2500mm，宜增加预埋声测管数量。

当声测管 1 根桩有多根检测管时，应将每 2 根检测管编为一组，分组进行测试，检测剖面编组如图 7.37 所示，具体如下：

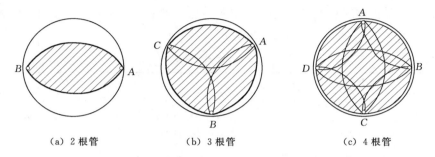

（a）2 根管 （b）3 根管 （c）4 根管

图 7.37　声测管布设示意图

（1）2 根管时 1 个剖面：AB 剖面。

（2）3 根管时 3 个剖面：AB 剖面、BC 剖面、CA 剖面。

（3）4 根管时 6 个剖面：AB 剖面、BC 剖面、CD 剖面、DA 剖面、AC 剖面、BD 剖面。

7.8.4　检测方法

发射与接收声波换能器应通过深度标志分别置于 2 根声测管中。接收及发射换能器应在装设扶正器后置于检测管内，并能顺利提升及下降。

检测方法可分为平测、斜测、交叉斜测，如图 7.38 所示。平测时，声波发射与接收声波换能器应始终保持相同深度；斜测时，声波发射与接收换能器应始终保持固定高差，且两个换能器中点连线的水平夹角不应大于 30°。

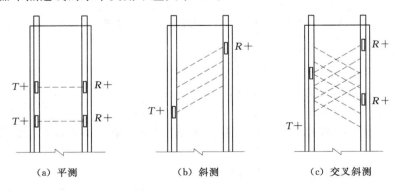

（a）平测 （b）斜测 （c）交叉斜测

图 7.38　检测方法示意图

声波发射与接收换能器应从桩底向上同步提升，声测线间距不应大于 100mm，提升过程中，应校核换能器的深度及换能器的高差，并确保测试波形的稳定性，提升速度不宜大于 0.5m/s。

测试过程应实时显示、记录每条声测线的信号时程曲线，读取首波声时、幅值、主频值。保存检测数据的同时，还要保存波列图信息。

检测宜由检测管底部开始，同一检测剖面的声测线间距、发射电压值、仪器设置参数应始终保持不变。

7.8.5　完整性判定

检测数据的分析整理可参考《建筑基桩检测技术规范》（JGJ 106—2014），桩身完整性判定依据见表 7.15。

表 7.15　　　　　　　　　　　　　　桩身完整性判定

类别	特征
I	所有声测线声学参数无异常，接收波形正常。 存在声学参数轻微异常、波形轻微畸变的异常声测线，异常声测线在任一检测剖面的任一区段内纵向不连续分布，且在任一深度横向分布的数量小于检测剖面数量的 50%
II	存在声学参数轻微异常、波形轻微畸变的异常声测线，异常声测线在一个或多个检测剖面的一个或多个区段内纵向连续分布，或在一个或多个深度横向分布的数量大于或等于检测剖面数量的 50%。 存在声学参数明显异常、波形明显畸变的异常声测线，异常声测线在任一检测剖面的任一区段内纵向不连续分布，且在任一深度横向分布的数量小于检测剖面数量的 50%
III	存在声学参数明显异常、波形明显畸变的异常声测线，异常声测线在一个或多个检测剖面的一个或多个区段内纵向连续分布，但在任一深度横向分布的数量小于检测剖面数量的 50%。 存在声学参数明显异常、波形明显畸变的异常声测线，异常声测线在任一检测剖面的任一区段内纵向不连续分布，但在一个或多个深度横向分布的数量大于或等于检测剖面数量的 50%。 存在声学参数严重异常、波形严重畸变或声速低于低限值的异常声测线，异常声测线在任一检测剖面的任一区段内纵向不连续分布，且在任一深度横向分布的数量小于检测剖面数量的 50%
IV	存在声学参数明显异常、波形明显畸变的异常声测线，异常声测线在一个或多个检测剖面的一个或多个区段内纵向连续分布，且在一个或多个深度横向分布的数量大于或等于检测剖面数量的 50%。 存在声学参数严重异常、波形严重畸变或声速低于低限值的异常声测线，异常声测线在一个或多个检测剖面的一个或多个区段内纵向连续分布，或在一个或多个深度横向分布的数量大于或等于检测剖面数量的 50%

注　1. 完整性类别由 IV 类往 I 类依次判定。
　　2. 对于只有一个检测剖面的受检桩，桩身完整性判定应按检测剖面代表桩全部横截面的情况对待。

思考题

1. 基桩测试的目的与项目包括哪些？
2. 单桩静载试验的加载方式有哪些？
3. 单桩静载试验的加载、卸载、终止加载条件、确定极限承载力的方法是什么？
4. 哪些方法可以检测单桩的承载力？
5. 哪些方法可以检测桩基的完整性？
6. 简述低应变法动力测试技术的基本原理。什么情况会出现反射波？

参 考 文 献

［1］ 刘尧军，于跃勋，赵玉成．地下工程测试技术［M］．成都：西南交通大学出版社，2009．

［2］ 覃巧丽．岩土工程测试中的问题探讨［J］．房地产导刊，2014（13）．

［3］ 马英明，张晓峰．测试与检测技术在岩土工程中的应用［J］．技术与市场，2014（4）．

［4］ 姚直书，蔡海兵．岩土工程测试技术［M］．武汉：武汉大学出版社，2014．

［5］ 夏才初．地下工程测试理论与监测技术［M］．上海：同济大学出版社，2009．

［6］ 周晓军．地下工程监测和检测理论与技术［M］．北京：科学出版社，2014．

［7］ 仇玉良．隧道检测监测技术及信息化智能管理系统［M］．北京：人民交通出版社，2013．

［8］ 山东省建设厅．建筑基坑工程监测技术规范［S］．北京：中国计划出版社，2009．

［9］ 上海市建设和管理委员会．建筑地基基础工程施工质量验收规范［S］．北京：中国计划出版社，2002．

［10］ 任建喜，年廷凯．岩土工程测试技术［M］．武汉：武汉理工大学出版社，2009．

［11］ 林鸣，徐伟．深基坑工程信息化施工技术［M］．北京：中国建筑工业出版社，2006．

［12］ 刘国彬，王卫东．基坑工程手册［M］．北京：中国建筑工业出版社，2009．

［13］ 吴从师，阳军生．隧道施工监控量测与超前地质预报［M］．北京：人民交通出版社，2012．

［14］ 佴磊，徐燕，代树林，等．边坡工程［M］．北京：科学出版社，2010．

［15］ 刘兴远，雷用，康景文．边坡工程：设计·监测·鉴定与加固［M］．北京：中国建筑工业出版社，2007．

［16］ 熊传治．岩石边坡工程［M］．长沙：中南大学出版社，2010．

［17］ 谭文辉．边坡工程广义可靠性理论与实践［M］．北京：科学出版社，2010．

［18］ 崔政权，李宁．边坡工程——理论与实践最新发展［M］．北京：中国水利水电出版社，1999．

［19］ 加拿大矿物和能源技术中心编．边坡工程手册（上册）［M］．祝玉学，邢修祥译．北京：冶金工业出版社，1984．

［20］ 王在泉．复杂边坡工程系统稳定性研究-清江隔河岩水利枢纽［M］．徐州：中国矿业大学出版社，1999．

［21］ 周建郑，张玉堂，纪勇，等．GPS定位测量［M］．2版．郑州：黄河水利出版社，2005．

［22］ 张永兴．边坡工程学［M］．北京：中国建筑工业出版社，2008．

［23］ 朱大勇，姚兆明．边坡工程［M］．武汉：武汉大学出版社，2014．

［24］ 郑颖人，陈祖煜，王恭先．边坡与滑坡工程治理［M］．北京：人民交通出版社，2010．

［25］ 朱建军，郭先明．边坡变形量测的分析［J］．矿冶工程，2002，22（1）．

［26］ 高广运，张蕾，滕延京，等．一种确定大直径扩底桩极限荷载的新方法［J］．岩土工程学报，2010，32（S2）．

［27］ GB 50007—2011 建筑地基基础设计规范［S］．北京：中国建筑工业出版社，2011．

［28］ JGJ 94—2008 建筑桩基技术规范［S］．北京：中国建筑工业出版社，2008．

［29］ GB 50497—2009 建筑基坑工程监测技术规范［S］．北京：中国计划出版社，2009．

［30］ JGJ106—2014 建筑基桩检测技术规范［S］．北京：中国建筑工业出版社，2014．

［31］ 廖振鹏．工程波动理论导论［M］．北京：科技出版社，2002．